U0175499

吃遍大西南

探味民间菜

田道华 / 编著

CHIBIAN DAXINAN

TANWEI MINJIANCAI

青岛出版社
QINGDAO PUBLISHING HOUSE

图书在版编目（CIP）数据

吃遍大西南：探味民间菜 / 田道华编著. -- 青岛 :青岛出版社, 2021.6
ISBN 978-7-5552-8307-2

Ⅰ.①吃… Ⅱ.①田… Ⅲ.①饮食－文化－西南地区 Ⅳ.①TS971.202.7

中国版本图书馆CIP数据核字(2021)第074018号

书　　名	吃遍大西南——探味民间菜	
	CHIBIAN DAXINAN TANWEI MINJIANCAI	
编　　著	田道华	
摄　　影	田道华	
出版发行	青岛出版社（青岛市海尔路182号，266061）	
本社网址	http://www.qdpub.com	
邮购电话	0532-68068091	
策划编辑	周鸿媛	
责任编辑	逄　丹　肖　雷	
特约编辑	王　燕　宋总业　马晓莲　李春慧	
装帧设计	魏　铭　叶德永	
印　　刷	青岛乐喜力科技发展有限公司	
出版日期	2021年6月第1版　2021年6月第1次印刷	
开　　本	16开（710mm×1010mm）	
印　　张	16.25	
字　　数	270千	
图　　数	532幅	
书　　号	ISBN 978-7-5552-8307-2	
定　　价	58.00元	

编校质量、盗版监督服务电话：4006532017　0532-68068050
上架建议：生活类 饮食文化类

田道华

2000年毕业于四川烹饪高等专科学校（现四川旅游学院），2002年进入四川烹饪杂志社从事编辑记者工作，现任四川烹饪杂志社总编辑兼总经理。曾参与《四川江湖菜》（第二辑）《四川风味家常菜》等图书的编写。以田晓、田一歌、蔡佳、田三七等多个笔名，发表数百篇美食文章，部分文章还被国外美食刊物转载。

　　近十来年，我走过不少"美食路线"，比如成都到绵阳、江油、广元、汉中、西安、洛阳路线，成都到南充、巴中、达州路线，成都到雅安路线，成都到内江、自贡、泸州、遵义、贵阳路线，湖北恩施、宜昌、荆州、武汉路线，江西九江、南昌、赣州路线，重庆万州、武隆、黔江路线，福建厦门、泉州、福州路线，云南丽江、昆明、昭通路线，沈阳、长春、松原路线……

　　每次寻味，一路走下来，都收获颇丰。每到一个地方，都会去品尝当地的美食，进而发现这些美味的亮点，而且还会花一定的时间去考察当地的菜市场，希望从食材中找到一些烹制民间美味的灵感。虽然每次寻味都行色匆匆，难以涵盖民间美食的方方面面，但还是力求通过一些细节去洞察所在地餐饮行业和民间美食的地域特征。

　　现如今，城市餐饮店菜品的同质化和跟风现象严重，不少餐厅烹菜的技法也在朝半烹饪半食品工业化方向发展，因此那些地道的民间美食也就显得更加珍贵。还有一些餐饮经营者已经把目光瞄向了民间，因为他们认为民间菜、家常菜才是美食之根源。

　　人们常说："美味在民间。"在本书中，我把近十多年在西南三省一直辖市走过的多条"美食路线"串联起来，即以成都为起点，一路向北沿德阳、绵阳，到达广元，再经巴中、达州到达重庆万州，接着前往铜梁、重庆市区一线，然后进入贵州铜仁，顺路前往贵阳、遵义，到川南泸州、宜宾，接下来前往云南昭通、昆明、丽江，然后回到四川攀枝花、雅安、眉山、乐山一线，最后圆满回到成都。通过介绍这些线路上的民间美食，希望能给爱好旅游与美食、从事专业餐饮工作的朋友们一些寻味参考点、创意灵感，也希望抛砖引玉，让更多的人关注、记录、传承、发展民间美食。这些记录或许能成为一定时期特定地域的民间美食的珍贵资料，因为一些民间美食随着时代发展，不可避免地在渐渐消失。

本书的出版得到了四川烹饪杂志社前任总编辑王旭东老师，以及杂志社同事的帮助，在此深表感谢。也要感谢一直关心我出这本书的贵州朋友吴茂钊。还要感谢每次在寻味途中提供支持的餐馆店家与菜品制作者们，感谢在我从事餐饮烹饪、编辑记者工作中所遇到的每一位朋友……

最后要说的是，书中部分文章写于前些年，可能记录的一些餐馆和美食，由于种种原因如今已不复存在了，而文中提到的一些美食和吃法，也可能与现行法规不符，请以现行法规为准。而书名《吃遍大西南》中的"大西南"还应包括我国西藏，书中未能写到相关内容，难免遗憾；"吃遍"只是一种夸张的修辞手法，事实上时空是不断变化的，美食也是不断发展的，不要说吃遍大西南，仅是把一个小小的区县里的美食吃遍都是一件很花时间、耗费精力的事。这里的"吃遍"，或许更多是热爱美食、记录美食的人所共同追求的梦想与目标吧。

田道华

QQ / 微信号：492895492

2021 年 5 月 13 日

目录

家常鲫鱼

成都

不出成都，吃遍四川

"不出成都，吃遍四川"，这话虽然听起来有点夸张，但一点也不假。

在成都，只要是爱好美食的人，稍加留意就不难发现，来自川东达州、广安、巴中，川南宜宾、乐山、自贡、内江，川西攀枝花，川北广元、绵阳等地的风味美食，如今都已经在成都这片美食沃土上繁荣昌盛起来。远的不说，就说这二三十年来的餐饮市场，较早进入成都的地方菜，还要数简阳羊肉汤。每当冬季来临时，打着各种旗号的"简阳羊肉汤"就开始在成都的街头巷尾出现，从某个角度看，简阳羊肉汤已俨然成了冬日成都的一个美食标杆。

还记得十多年前，来自川南的盐帮菜（即自贡风味菜），以鲜辣刺激、味浓味重、好走极端的风味特点在成都登陆。那时科华路上的盐府人家、蜀江春，以及开在学道街的阿细食府，都是自贡菜馆的代表，这些品牌随后又在成都开了多家分店，以至于有一段时期，蓉城餐饮市场中不少餐馆都在跟风经营盐帮菜。

菌菇抄手

自贡冷吃牛肉

由民间九大碗演变来的九小碗

就在食客大呼盐帮菜吃起来过瘾之时，来自攀西地区的"盐边菜"也悄然在成都扎根立足。盐边菜不仅以攀西地区特有的食材作为卖点，而且其菜品本身也个性十足，比如那一道干拌牛肉，就因为极富特色曾经在成都市场上流行一时。此外，还有一些主打内江菜、达州菜、宜宾菜、广元菜的菜馆，也先后在成都开张，而那些制售宜宾燃面、乐山钵钵鸡、乐山甜皮鸭、西昌烧烤等地方美食的摊档与餐厅，也都在成都市场上遍地开花。

俗话说："外来的和尚好念经。"川内各地方菜馆走红成都市场这一现象，引来了众多美食爱好者的关注。对此，大家也是各有看法。有人说，去吃地方菜就是为了给自己换口味；也有人说，地方菜馆往往个性鲜明，并且乡情乡味比较浓郁，去那里容易让人找到记忆中的老滋味。还有人说，随着城市化不断进行，像成都这样的大都市必将涌入更多来自各地的人，大家都喜好自己家乡的味道，而去自己的家乡味菜馆，除了品味以外，似乎还能找到一份心灵的归属感……美食不仅仅是美食，它还寄托着一份乡情与一份乡愁。

泡菜米椒腰花

成都

流行于蓉城的酸酸鸡

酸酸鸡是流行于成都市郊农家乐里的一道江湖菜。这道菜实为酸辣味拌鸡，也许是创制者在给这道菜取名时想更接地气吧，于是便随口叫出了这么一个通俗的名字。

酸酸鸡虽说也是拌鸡，但它与传统的凉拌鸡有些不一样，因为在拌制时没加一点油脂，仅用了大量的小米椒碎、葱花，外加陈醋、盐、酱油、味精这几种调料搭配，就制作完成了。此菜端上桌，除了有满盘红艳的小米椒碎外，好像就只剩下青翠的葱花了，十分吸引眼球。当然，食用前还得由食客自己用筷子把鸡块与小米椒碎、葱花等拌匀，而正是在这拌的过程中，一股鲜辣的酸香气味便散发出来了。食之，酸中带辣，辣中带鲜，鲜中生香，直叫人大呼过瘾。

制作酸酸鸡的方法很简单。把煮熟的整鸡带骨斩成丁，装入窝盘内待用。（见图1、图2）另把小米椒碎加适量的盐腌渍待用。将陈醋、酱油、盐和味精放入碗中，调匀制成咸酸味汁，然后均匀地浇入盘中。（见图3）最后把小米椒碎和葱花先后撒在鸡丁上，上桌后拌匀便可食用。（见图4、图5）

此菜的味道层次是：先感觉到酸香，随之而来的是鲜辣，然后才是鸡肉本身的香味。不过醋一定要选陈醋，因为这种醋有一种爽口的酸味。这道菜用的鸡宜当天煮当天拌制，切勿放进冰箱，否则拌制时咸味、酸味和辣味难以渗入鸡肉当中。

应该说这道菜"一半是在吃鸡肉，一半是在吃调料"。制作时鸡丁不宜斩得过大，一定要连着骨，吃起来才香。此菜的辣味特点是鲜辣，故不能加红油等任何油脂，否则就不是想要的那个味道了。

鸡汤铺子

鸡汤配南瓜饭

不知是谁说过这样的话："是不是好汤完全可以尝出来！碰到好汤，犹如碰到了知己。"我猜说这话的人，多半就是个美食家。

在成都，生意火爆的餐馆不少，但生意火爆的鸡汤馆却难寻。当有爱好美食的朋友告诉我包家巷附近有家名叫"鸡汤铺子"的鸡汤馆时，我就忍不住找了过去。

这家店的装修看着古香古色，不仅用青瓦、青砖来装饰墙壁，而且在店堂内摆的是八仙桌和长条凳。只要稍加留意就会发现，这些八仙桌和长条凳的大小高低都不相同，估计全是店家从民间收购来的旧货。而就在这不大的店堂内，居然还搭建了一层阁楼，增加了不少餐位。

我和几位朋友去的时候正值午餐时间，店内早已坐满了客人，好不容易才等到服务员为我们腾出来一张桌子。翻开服务员递过来的菜谱，并没找到什么抢眼的大菜。不过从首页的一段话当中，读懂了店主开这家鸡汤馆的初衷。这段话是这么说的："或许是想念妈妈的原因，或许是环境的原因，于是创建了自以为得意的鸡汤铺子，想让大家回到家里，回归自然，喝到最朴实的鸡汤。我们用原始的方法炖鸡：土鸡用砂罐慢火熬制长达6小时，用心去炖……"

这家鸡汤馆只卖6种炖鸡：笋子炖鸡、白果炖鸡、山药炖鸡、墨鱼炖鸡、药膳炖鸡和木瓜炖鸡。每份炖鸡的价格为20元到28元不等，其中还包括一碗南瓜饭（或红薯饭）、两份开胃小菜。客人另点别的时令素菜，那也只需花六七元钱就能买一份，所以说在这里吃饭，称得上是吃"经济餐"。那天，我们每人都选了一份自己喜欢的炖鸡，再就着几道开胃小菜，吃得有滋有味。

刚吃完我们还想坐着聊几句，却见店门口又来了几位等餐的客人，于是赶紧起身让座。出门时我们个个都在感慨：这菜品不多、方便快捷的"鸡汤铺子"，不也是一种受市民们欢迎的"中式快餐"吗？

成都

九尺镇上品板鸭

提到彭州，成都人并不陌生。因为这里可以说是成都人的"后花园"和"菜园子"。

说它是"后花园"，是因为彭州境内有着独特的自然景观和人文景观，比如彭州隆丰镇的佛山古寺、关口的丹景山、新兴镇的海窝子古镇、白鹿的书院、白水河世界地质遗产、龙门山镇的回龙沟等。说它是"菜园子"，则是因为彭州有"中国西部蔬菜之乡"的美誉，这里自然条件得天独厚，特别适合蔬菜的生长。

前面说了这么多看似与美食无关的内容，其实与后面要讲的美食有着千丝万缕的联系。那么彭州究竟有哪些地道的美食呢？先从传统的说起吧。成都名小吃军屯锅盔，产生于彭州军乐镇。追溯军屯锅盔的历史，据说它在20世纪初就名声在外了，所以到了彭州，锅盔是必尝的美食之一。大伞牛肉这道名小吃你可能没听说过吧，它是由彭州人穆文忠在20世纪三四十年代创制的。穆文忠刚开始是摊担经营，为遮风避雨，常年张一把直径丈余的大伞，非常引人注目。加之所蒸牛肉与其他摊担或餐馆的相比风味独特，久而久之，人们便称其为"大伞牛肉"。

现烤的锅盔

不过，我最想介绍的还是彭州九尺镇上的特色美食——九尺板鸭。九尺是彭州的一个乡镇，距离彭州城区不到10公里。我们到了彭州，当地餐饮界的朋友黄先华说要带我们到九尺镇转转，不光是因为那里有声名远扬的九尺板鸭、九尺鲜鹅肠火锅，最重要的是让我们近距离地感受一下当地的风土人情。

一大早，我们开车从彭州市区出发了，一路上尽是川西坝子的田园风光。这一带的田地里都种了不少蔬菜，在深冬季节，

九尺板鸭

尤以蒜苗为多。快到九尺镇时,公路两边却变成了另外一番景致,搭了不少木架子,上面挂满了板鸭。待我们到达镇上下车一看,这种挂板鸭的场景更是蔚为壮观,放眼望去可见数以万计的板鸭,引得我们拿出相机一阵猛拍。

大家拍兴正浓时,黄先华却说要先带我们到农贸市场,说要了解九尺板鸭,那就得从宰鸭看起。到了农贸市场,我们很快发现,市场里所售的农副产品中,鸭占了很大的比例,不仅有多家专门出售净鸭的商户,而且市场的一侧还划出了上百平方米的区域作为宰鸭的场所。看到那些专事宰鸭的人忙碌的场景,我们这才相信,说这里一天宰上千只鸭,真的是一点不夸张。

看完了宰鸭的场景,黄先华已与九尺镇"刘板鸭饭店"联系好了,要让我们见识下板鸭的整个制作过程。饭店的老板刘勇很热情,说起板鸭来也特别兴奋。他说像他家这样的饭店,每年到了冬天都会陆续制作近三万只板鸭,不仅供自己店里卖,还作为年货远销至成都市区乃至省外其他地方。

刘勇告诉我们,同是九尺板鸭,虽然各家店的制法大致相近,但是因香料的配比不一样,风味上也有着细微的差别。

那九尺板鸭到底是如何做出来的呢?接下来他就给我们做了演示和讲解。

制作九尺板鸭最好是选用土麻鸭，因为这种鸭肉质较紧实，吃起来也比较香。首先，把活鸭宰杀，去除内脏、治净后，得用清水反复漂洗。然后沥干水，用盐和自家配制的香料粉抹匀后，放在缸里腌制。在腌的过程中，每隔一两天还得翻缸，以便让其入味均匀。（见图1）

接下来，就是把腌好的鸭子取出来，用竹棍撑开成扁平状。这个过程看起来虽简单，但却是个技术活，因为得用力把鸭子的关节掰断，而且鸭翅还得反背起来，这样处理不仅成品美观，还可让翅窝处透风干爽，避免产生异味。将撑好的鸭子挂起来，晾干表面的水。（见图2）

再就是"修圆"，即把晾至半干的板鸭取下来，用刀修去边缘碎肉，让其呈现老鳖背部一样的椭圆形。（见图3）

然后把板鸭挂起来烟熏，下入用八角、茴香、花椒、老姜、陈皮、酱油、白糖、胡椒、冰糖等制成的卤水锅里卤熟，捞出即成熟板鸭。（见图4、图5）

刚出锅的九尺板鸭色泽金黄，看起来很是诱人，待我们一尝，真的是香。可这种香又说不出具体是哪种香，因为其中不仅有香料的芳香、烟熏后的熏香，还有经风吹后的一股腊香。

吃了板鸭，再买板鸭，是来九尺镇的食客必做的功课。我却搞不懂，川西坝子地域辽阔，各地制售板鸭的也不在少数，可为何九尺板鸭远近闻名呢？我从刘老板口中探得了一点答案。他说自古以来，九尺镇及周边土地肥沃，水资源丰富，这里的人们喜欢养鸭。鸭子游弋、嬉戏于水中，以虫、草为食，其肉质紧实，当地人慢慢有了制作板鸭的习俗。另外，早在明朝正德年间，就有许多广东、福建、湖南、湖北等地的客商在九尺镇附近经商，这对九尺板鸭的发展起到了一定的推动作用。而勤劳、聪慧的九尺人经过多年的积累和创新，让板鸭的做工越来越考究，制作也越来越精良，逐渐形成了自己独特的风格。

最后值得一提的是，九尺镇的美食，除了板鸭外，鲜鹅肠火锅也很有名气。

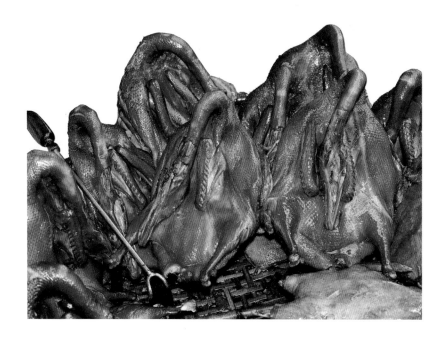

认识蝉花

蝉花养生汤

开在彭州的上膳食坊，虽然店堂不大，但店内的菜品却做得颇有特色。黄先华是这家店的老板，他对民间菜颇有研究。到他的店里，他端出了一道另类的虫草菜。

说到虫草，也许大家首先想到的是冬虫夏草，其实，冬虫夏草只是虫草家族众多的品种之一。这里我要跟大家说的蝉花，也属于虫草一类，它的形成与我们大多数人见过的冬虫夏草是一个原理。在泥土中慢慢长大的幼虫，其中有极少的一部分在羽化前被真菌寄生而萌发成菌丝。菌丝体因吸收了虫体的营养而加快生长，直到整个虫体被菌丝体完全占有，最终成为虫菌相依的结合体。有趣的是，这个结合体还会逐渐从蝉的头端"分枝开花"，故而得名蝉花。

据说，关于蝉花的文字记载比冬虫夏草还要早一千多年。在南北朝雷敩的《雷公炮炙论》当中，就有怎么加工蝉花的论述。而在宋朝的《本草图经》中，则有"今蜀中有一种蝉，其蜕壳头上有一角，如花冠状，谓之蝉花"的文字记载。

蝉花不仅在四川出产，在我国的云南、安徽等地也能见到，只是因为极少，所以市面上所见不多。彭州的高山林地里偶尔能挖到蝉花，当地的老百姓挖到后，一般会用来与鸡、鸭等一起炖汤。

做法：把治净的老母鸡剁成块，投入沸水锅里汆水，捞出。把山药削皮后切成块。蝉花洗净待用。把老母鸡肉、山药块、火腿片、桃仁、枸杞、红枣、蝉花和松茸片一同放入煲内，倒入适量的清水，再加少许的盐和冰糖调味，放入蒸笼蒸8小时后取出，便可上桌。

因蝉花具有一定的药性，加之每个人的个体存在差异，所以食用此类药膳需遵医嘱。

德阳

别样美味"灯盏窝"

如果你不是四川人，也不是钟情于美食的人，那估计在看到一个冠名"灯盏窝"的餐馆招牌时会心生疑惑——这家餐馆的老板咋会取这么怪的店名呢？

"灯盏窝"在川菜术语当中，原本是指炒回锅肉的"高境界"。据一些专业的书籍介绍，回锅肉只有炒至呈"灯盏窝"形状的，才可视为合格，于是这三个字差不多也就成了川渝地区检验制作回锅肉的标准之一，甚至还有人用其代指回锅肉。

还没去德阳市下辖的广汉市之前，就有朋友跟我提起过这家菜名即店名的餐馆，

同时还告诉我，这家被称为"广汉最牛苍蝇馆子之一"的店（作者注：苍蝇馆子在四川指小餐馆），开了二十来年，靠的就是"灯盏窝"这一招鲜，并且得到了食客的认可。听到这些，自然勾起了我们找上门去采访的兴趣。

那天，在广汉电视台美食节目主持人郭么妹的陪同下前往"灯盏窝"。她在路上说，与一般回锅肉的制作方法相比，"灯盏窝"的做法有些特殊，是把切成片的带皮猪坐臀肉下锅生爆成菜。

等我们来到这家店，向店老板周乐轩

表明来意后，她给我们介绍起了店里的"灯盏窝"。原来，该店一般会依季节的不同而推出应季的"灯盏窝"，比如青椒灯盏窝、盐菜灯盏窝、蒜苗灯盏窝和韭菜灯盏窝。

我们在店门口的炒灶前，现场观摩了厨师炒"灯盏窝"。那位师傅先在锅里放了相对较多的菜籽油烧热，再把现切的带皮猪坐臀肉片放进去，经过一阵爆炒，就见锅里那些肉片自行卷成了灯盏窝的形状。接下来，师傅把锅端离火口，滗出多余的油脂再重新上火，在锅里加入豆豉、豆瓣酱一起炒香后，把韭菜段下锅，并加少许的盐和味精翻炒。仅用几分钟，一道色泽红亮、香气扑鼻的韭菜灯盏窝便炒出来了。

看完整个炒制过程，我的感受是：这"灯盏窝"虽然有回锅肉的形，但其技法更接近于盐煎肉的烹制法。由于下锅的生肉片带皮，故爆炒时很容易就卷曲成灯盏窝的形状。当我们坐下来品尝时，感觉与其他回锅肉相比，这款菜品同样是香气十足，但更有嚼劲一些。

"你们炒这'灯盏窝'有什么特殊的技术吗？"我忍不住问炒菜的师傅。结果郭么妹在一旁抢先回答了："哪有什么秘密技术嘛，你看人家都把灶台摆在店门口炒菜了，随时都在'现场直播'，只要你想看，什么都可以看到。不过生活在广汉的人即使学到这技术也没用，因为大家早已认可了这里，你再去开同样的店炒同样的菜，那也不可能热卖。说真的，这里的灯盏窝在我们当地'吃货'的心目中就是一个样本，很难被别处的取代。"

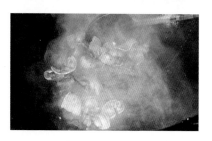

看来，这一方美食养一方人，还真不假。

德阳

哑巴兔——很个性，很江湖

　　江湖菜因为个性足、味道独特，所以很受关注。那么在德阳，能找到哪些特色江湖菜呢？厨界好友杨杰听说我要到德阳采访，于是特别提醒我一定要到"好记哑巴兔"看看，他说这家餐馆卖的就是以兔为特色的江湖菜。通过杨杰，我联系上了该店的老板江山。

　　江老板人很年轻，见面没聊几句就跟我们讲起了他的"传奇"人生。2002年时，他刚入厨师行业，在德阳旌湖宾馆跟着粤菜师傅学做粤菜，等技有小成后，便四处闯荡。可是没闯两年，江山就厌倦了漂无定所的打工生活，于是在2006年回到自己的家乡德阳孟家镇开起了小餐馆。与众多

初创业的厨师一样，那时他最大的困惑就是：开餐馆卖什么菜品合适呢？后来，他想到自己儿时爱吃兔肴，一拍脑袋就决定在兔肴上做文章了。

　　功夫不负有心人。江山将自己四年的厨艺心得结合那些年流行的江湖菜的招法、路数，创出了四道别有风味的江湖兔肴——泡椒兔、红烧兔、水煮兔和干煸兔，并且还明确了自己的售卖模式，那就是现点现杀。客人如果点一只兔，就根据客人的选择做两种不同的兔肴，如果点了两只兔，那客人就可以尝到四种兔肴，也就是一兔两吃、两兔四吃。由于小餐馆开在德阳市的北郊孟家镇，而且还处在背街上，刚开

始时，生意只能说是一般。可没过一个月，生意就可用"爆棚"来形容了，原本可以摆十来张桌子的店堂已没法容下众多慕名前来吃兔的食客，江山只好把桌子摆在街沿甚至公路对面的街边上。江山说那时只要是吃过的食客，都成了他的美食宣传员，正是食客的口口相传成就了他火爆的生意。

当问到江山当时为什么要取店名为"好记哑巴兔"时，他说很多人都问过他这个问题，大多数人都误以为哑巴兔是"哑巴"开的店，或掌灶的师傅是位聋哑人，其实这哑巴兔的取意是，这些江湖兔肴好吃，一端上桌，桌上的食客都顾不上说话了，只顾拿筷搛食，还因菜辣味较猛，大家都辣得说不出话，似一桌"哑巴"。为什么要在前面加上好记两字呢? 江山说当初自己开店时对店名商标注册认识不足，后来餐饮业跟风经营者众多，"哑巴兔"三字已无法注册了，于是加上"好记"以示区分。

采访的当天中午，江山准备了他的江湖兔肴供拍照，而且还请我品尝了这些特色菜品。除了他的那四道招牌兔菜外，像烟熏兔、烟熏鲫鱼、干拌牛头皮都给我留下了很深的印象。尤其值得一提的是最后端上来的那碗毛毛药炖肉汤，是用从田间地头上扯来的折耳根、金钱草、鸡屎藤等野菜加猪骨、猪肉和鸡肉炖成的。肉汤口味清香，在吃过重口味的兔肴后，再来品尝这汤，感觉味道鲜美无比。江山说，这道汤其实源于当地民间，有清火的作用，因此完全不用担心吃了哑巴兔会上火。这道汤在店内售价极低，一大碗，仅10元钱，且喝完还可免费加汤。百闻不如一见，还是通过照片来展示一下这里的江湖大菜吧。

泡椒兔

泡椒兔是这里独具特色的一道兔肴，成菜后辣中微带山椒风味，让人一吃就不忍停筷——越辣越想吃。其所用的泡椒并不是我们平时所说的泡红辣椒，而是店家临时自制的泡青尖椒——用野山椒水等制作洗澡泡菜水，青尖椒只需泡两三个小时即可使用。据说这种青尖椒来自云南，其特点是辣味足，且皮薄籽少。因店里用量大，江山说每年此辣椒的用量可用吨计算，够让人吃惊的吧。

做法：制作时把青尖椒切成两半，先用加有盐、野山椒水的洗澡泡菜水泡入味。制作泡椒兔选用的是兔的后腿肉和背柳等少骨的部位。活兔宰杀后，取后腿肉、背柳肉斩成小丁，放入盆中码味上浆后，倒入四成热的油锅中滑油至断生，倒出沥油。锅留底油，先下姜末、蒜末、青花椒炒香，再倒入泡青尖椒炒出辣味，然后倒入兔肉，用盐、野山椒水、胡椒粉、味精调味，翻炒均匀，即可出锅装盘。

干煸兔

干煸兔取兔头及兔身多骨部位为主料制作，以芹菜和大量干辣椒丝为辅料，再重用孜然粉、辣椒面、花椒粉、熟芝麻增香，突出的是浓浓的香辣口味。

做法：把兔头斩成两半（不要斩碎成块），兔身带骨剁成小块，然后放入盆中，加姜、葱、料酒和盐腌制入味。净锅放菜籽油烧至四成热，先下入兔头炸透，再下入兔块和大蒜瓣炸至略干、出香味，倒出沥油。锅留底油，先下姜末炒香，再倒入炸过的兔头和兔块炒出香味，接着下入芹菜段和干辣椒丝煸炒，用盐、孜然粉、辣椒粉、花椒粉、白糖、鸡精和味精调好味，炒至散发出干香味，装盘后撒熟芝麻即成。

① 红烧兔

② 水煮兔

③ 烟熏兔

④ 毛毛药炖肉汤

♀ 红烧兔

这里的红烧兔与一般餐馆的红烧兔有区别吗？答案是：有区别。一般餐馆的红烧兔常把净兔带骨剁成大块红烧，而这里却是用少骨的兔肉剁成小块烹制。而且成菜后，还要撒上油酥花生米、熟芝麻和葱花增香增色。

做法：把少骨的兔腿肉剁成小块，放入盆中，加盐、姜片、料酒码味，然后入油锅过油，倒出沥油。锅留底油，先下泡姜末、大蒜瓣、豆瓣酱、泡椒碎炒香，然后倒入少量清水，再倒入过油后的兔块，放青笋块，用盐、白糖、味精、鸡精调好味，勾薄芡后淋香油装盘，最后撒上油酥花生米、熟芝麻和葱花即成。

♀ 水煮兔

用水煮的方法烹制兔肴，在行业中并不多见。这道菜里还加了酸菜片与兔肉同煮，最后炝入炒香的干辣椒丝成菜，风味与传统的水煮菜也大不相同。

做法：把净兔连骨斩成大块，码味后入油锅过油后倒出。另把藕片、青笋片和豆腐皮入油锅炒熟后，盛在不锈钢盆内垫底。净锅放菜籽油，下入豆瓣酱、泡椒末先炒香，再倒入酸菜片、干辣椒面、花椒粉炒出香味，然后倒入清水烧开，用盐、鸡精调味，倒入兔块煮熟，盛在垫有藕片等原料的盆中。锅洗净烧热，放适量油，下入干辣椒丝和干青花椒煸炒出香味，起锅浇在兔块上面，最后点缀芹菜叶上桌。

♀ 烟熏兔

做法：把兔宰杀治净，用麻辣酱料（或广味酱料）腌入味，然后撑开成板兔状，晾干后，稍用烟熏，最后经蒸熟、斩块上桌。

♀ 毛毛药炖肉汤

最后来说毛毛药炖肉汤，此菜只宜现炖现食，否则汤汁会变黑，且风味变差。

做法：先把猪五花肉切块，土母鸡剁块，猪棒子骨敲破，分别氽水洗净，然后放入不锈钢桶内，加清水炖至汤鲜色白，接着放入新鲜的折耳根、金钱草、鸡屎藤等野菜同炖20分钟，最后调成咸鲜口味，舀入汤碗上桌即可。

北川食材掠影

绵阳

如果想要去绵阳市寻找乡土食材，那么其下辖的北川羌族自治县一定不能错过。

五一二大地震前，我曾经去北川考察过当地的菜市场，那时见过的老腊肉、腊排、腊鸡等腌腊制品，还有野韭菜根、蕨菜、刺龙芽等一些野菜，都给我留下了较深的印象。

由于这次去北川时，山里的野菜还没大量上市（当地野菜一般在每年4月份才上市），所以在市场上见到的多是些腊制品。那天，在北川新县城的羌族风情街，见到许多特产摊档上都在卖腊肉、腊蹄、香肠、腊排等腊制品，当中有一种腊制品让我感觉很稀奇，这便是当地山民自制的瓢肚。这形状的腊制品很少见，它表面呈枣红色，外形如皮球般大小。我从卖瓢肚的摊贩所展示的资料上得知，这东西完全是手工制作出来的，其做法已经有上百年的历史。制作时取高山土猪的精排先斩成小段，经过腌制后装入猪肚内。将其挂于室外，待自然风干后，再用松柏枝、椿树皮、柴火等慢慢熏烤而成。食用前，只需要打开外包猪肚的小口，取出里面的排骨下锅煮熟，即成一道菜。

无独有偶，我们在北川新县城的街上，还见到了用肠衣灌制的排骨香肠。由于其正处于风干的过程中，故里边灌装的排骨清晰可见。想来，这排骨香肠的制法与瓢肚似有异曲同工之妙，只不过它们外面的包裹物不同，一是猪肚，一是猪小肠。

随后，我们又驱车去了靠近大山的陈桥坝镇、桂溪乡等地方，先后观摩了当地人制作腊肉、熏制豆腐干和现榨菜籽油的过程。北川民间自制的豆腐干，口感跟我们平常所吃到的不同，吃起来不仅香，还特别有嚼劲。

① 排骨香肠
② 北川腊味
③ 野韭菜根
④ 瓢肚

绵阳

在九皇山体验羌寨美食

多年前，我读过一篇题目叫《云朵上的喜宴》的文章，作者记录了她在汶川亲历羌寨喜宴的事。由于羌寨大多建在海拔三四千米的山上，山脚下是奔流的岷江，而白云不时地从山腰飘过，因此，作者把羌寨喜宴称为云朵上的喜宴。文中的大部分内容我已记不清楚了，倒是里面提到的几样羌族美食，至今记忆犹新，像猪臁肉炒花椒芽、坨坨羊肉炖酸菜、荞面馍馍，还有用青稞酿制的咂酒……

我去九皇山是几年前的事，那次陪同来自中国台湾的美食图书出版人蔡名雄先生。他研究四川花椒，并再次来四川采访。蔡先生出发前列出的采访名单中，第一位就是川菜大师史正良。当蔡先生抵达成都后，热情的史正良特意把会面的地点安排在绵阳市北川羌族自治县桂溪乡的九皇山，原来是想让蔡先生顺便感受一下神秘的羌族美食。

我们陪同蔡先生一同前往北川，从成都驱车出发后，途经绵阳和江油，最后来到了九皇山所在的北川羌族自治县桂溪乡。汽车沿着"之"字形的山路行进，旁边就是万丈绝壁，不知拐过了多少道弯，直到山腰处出现了一块略显开阔的平地。呈现在我们眼前的是具有羌族特色的建筑群，而在两座气势恢宏的碉楼之间，还立着一个大大的"羊头"，从而构造出了九皇山羌寨的山门，这样的设计极具创意。

进了山门后我才了解到，九皇山是一处以羌文化为主题的旅游风景区。我们当天住在山门内的西羌酒店，而该酒店的建筑同样是创意不凡，大到店堂和餐厅的装修布局，小到包间里的茶餐用具，都呈现出浓浓的羌寨风情。

在史正良的引荐下，我们与酒店的总经理徐先生和行政总厨唐小林见了面，他们都建议我们先去游览景区，因为只有在对当地的羌族文化有了一定的认识后，再去品享羌族美食才能获得更完美的体验。

羌族女孩小龚给我们当导游，她带我们坐索道上山。在她的一路讲解下，我们对九皇山有了个初步的了解。原来，这个景区并不小，它不仅有猿王洞、天神殿、滑雪场、滑草场、原始森林、尔玛古道等景点和游乐场所，而且还有狩猎场和养殖场。不过，景区最吸引我们的还是羌寨风情园，在这里我们不仅见到了羌寨磨坊、羌寨腊肉坊、羌绣等，而且一路上有聪慧的小龚陪同做讲解，让我们对羌族的历史、宗教文化，甚至是婚俗礼仪、饮食习俗等，都有了一些基本的了解。

腊味荞麦卷

① 腊排骨
② 四季豆炖腊猪蹄
③ 红烧牦牛蹄
④ 手抓羊肉

　　当我们从山上回到山腰处的酒店时，唐小林已经备好了一桌丰盛的羌寨美味，当中两盘是蒸熟的腊肉片和腊猪排。我还没有动筷子，就已经闻到了一股香味，待我一一撅起来品尝，果然觉得品质不凡。同样是用腊肉做成的菜，还有四季豆炖腊猪蹄，这道菜是把腊猪蹄剁成大块，然后与新鲜的四季豆和水发萝卜干炖在一起，称得上是汤鲜肉香。

　　俗话说："靠山吃山，靠水吃水。"

　　当天的餐桌上，有两道用荞麦做成的羌寨风味菜，一道是腊味荞麦卷，另一道是荞麦凉粉。唐小林告诉我们，前者是把荞麦面粉先调成面浆，然后在锅里摊成面皮，再卷上炒香的腊肉丝、豆腐干丝等装盘上桌。而荞麦凉粉，虽说外观色泽黑褐，但是往上面舀了一层麻辣酱料并撒了些许的葱花后，就变得有些迷人了。

　　在餐桌上，除了手抓羊肉、红烧牦牛蹄等大菜外，还有好些颇有山野气息的乡

酸菜搅团

土菜，像凉拌的蕨菜、酥炸过的野菌、烤熟的土豆和红薯……尤其值得一说的，还有一道加了酸菜煮成的搅团，这可是地道的羌寨美味。其做法比较简单——把玉米粉直接撒入沸水锅中，边撒边搅，直到全部煮熟，然后把它与羌寨人家制作的酸菜一起煮。成菜后，装在土碗里端上桌，吃起来让人回味无穷。

在当天的餐桌上，自然少不了用青稞酿出来的咂酒，这种酒喝起来醇香中还带着甘甜。大家正喝得兴起时，一群身着民族服饰的羌族小伙和姑娘端着酒碗拥到了我们面前，他们为客人唱起了助兴的敬酒歌，一下子就把气氛带动了起来。

酒足饭饱之时，听到酒店外传来了阵阵鼓声，服务员告诉我们，当天晚上的篝火晚会就要开始了。我们个个都带着几分醉意，来到离酒店不远处的剧院，进去后才发现，已经有不少人正围着熊熊燃烧的篝火，随着音乐跳起了羌族舞蹈——沙朗，而在篝火的边上，还烤着正吱吱冒油的小肥羊……

广元

品味剑门豆腐

或许是因四川具有得天独厚的地理条件以及优质的水资源的缘故吧，反正在四川各地，知名的且具有地域特色的豆腐菜肴不少，屈指数来就有广元剑门豆腐、乐山西坝豆腐、南充河舒豆腐和宜宾沙河豆腐等。

剑门豆腐有"剑门天下险，雄关豆腐绝"的美誉，还有"不吃剑门豆腐，枉游天下雄关"等说法，因此到广元剑阁县寻味，又怎么能错过声名远扬的剑门豆腐呢。据说现在在剑门关一带，以豆腐菜为招牌的餐馆就有一百多家。那天我们一进入剑门关镇，就仿佛进了"豆腐之乡"，只见各家餐馆、酒店都以豆腐菜作为自己的特色。

剑门豆腐的历史，已久不可考，有人说始于三国时期，也有人说始于盛唐。在剑门关镇帅府大酒楼就餐时，该店的总经理卫少能告诉我们，因为剑门关是出川的要道，过去这里客栈很多，再加上当地人本身就爱吃豆腐并擅长用豆腐做菜，因此，剑门豆腐在清朝年间就很有名。剑门豆腐真正走出剑门并让外面人所识，还是 20 世纪 70 年代末的事。那时四川还没有高速公路，出川入川的客车、货车都会沿 108 国道途经剑门镇，而当时在镇上，不少餐馆都在卖豆腐菜，因物美价廉，路过这里的长途汽车司机和乘客都喜欢在此镇歇脚吃饭，于是剑门豆腐的名气也就越来越大。

街上穿起来卖的豆腐干

后来，各家餐馆都致力于在豆腐菜做法和口味上做文章，因此在剑门，豆腐菜的制作方法也就变得越来越多，一些餐馆甚至能做出两三百种不同的豆腐菜，平常供应的也有七八十种。随着剑门三国文化的开发，一些豆腐店的大厨又结合三国故事，制作出了长坂豆腐、怀胎豆腐、草船借箭、水淹七军、火烧赤壁、孔明用计等创新豆腐菜，更丰富了剑门豆腐的文化内涵。

如今，在剑门关镇有多家专业的豆腐作坊为全镇上百家豆腐店制作豆腐。只有品质好的豆腐才能保证豆腐菜的质量，那么剑门一带做的豆腐，与一般的豆腐相比品质好体现在哪里呢？一是质地细嫩；二是韧性极强，无论切块、拉条、开片、切丝都成形较好，不碎不烂；三是味道鲜美。如果深究其原因，据说有两点：一是剑门的大豆种在剑门山区的石沙地里，土质干燥，通风良好，产出的大豆蛋白质和脂肪含量高；二是制作剑门豆腐的水，是来自剑门七十二峰的泉水，有丰富的矿物质成分，所以做出来的豆腐特别好吃。

我们在剑阁寻味期间，在剑阁宾馆、剑门关三鼎大酒店和帅府大酒楼尝到了不少的豆腐菜，这里撷取部分做介绍。

📍 火烧赤壁

这道菜做法类似于传统川菜锅巴肉片，因成菜色泽红亮，故借三国故事"火烧赤壁"命名。

做法：先取豆腐片入锅，与番茄片、黄瓜片同烩成咸鲜酸香的半汤菜。然后取锅巴入油锅里炸酥，捞出装盘，随烩好的豆腐菜快速上桌，当着食客的面把豆腐菜倒在装有锅巴的窝盘内，待一阵"嗞啦"声响伴随着一股热气升腾后即可食用。

📍 长坂大战

此菜与家常豆腐做法一样，只不过是把豆腐切成长板状，经油炸后烧制成菜，借三国故事"长坂大战"命名。

做法：把油炸后的长板状豆腐入锅，加豆瓣酱、姜末、蒜末、盐、味精、酱油烧至入味，勾芡后撒入蒜苗段，稍烹即可装盘。

① 孔明点灯

② 张飞卖肉

③ 草船借箭

④ 一掌定乾坤

孔明点灯

做法：把剑阁卤牛肉、剑阁豆腐干切成条，分别入油锅过油后，倒出沥油。净锅上火，放姜末、青椒段、辣椒面、花椒粉炒香，然后倒入牛肉条和豆腐干条，加盐、味精等调好味后，撒入孜然粉炒香，起锅盛在铝箔纸里包好，装盘后上桌，点燃固体酒精烧烤片刻，待火焰熄灭后，打开纸包即可。

张飞卖肉

此菜是把蒸好的猪肘与豆花同烩成菜。

做法：先把猪肘烧皮后刮洗净，入沸水锅里汆至断生，捞出。在猪肘表面抹上少许的酱油，入油锅炸至皮红起皱，捞出去骨后，在肉表面交叉切菱形花刀，加入香料及调好的鲜汤蒸至软熟且入味，取出放在窝盘里。另取锅放鸡汤烧开，下豆花稍煮，调成咸鲜口味后，起锅舀在装有猪肘的窝盘里，最后撒上葱花即成。

草船借箭

此菜是由剑门名菜"崩山豆腐"演变而来。是将豆腐用手分成不规则的块（故称崩山），煮透后捞出装盘，现浇上味汁，插上牙签（当作"箭"）上桌食用。

做法：把豆腐分成不规则的大块，放入加有少许盐的沸水锅里汆透后，捞出沥水装盘。取青红椒圈、姜末、蒜末、油酥豆瓣、油酥豆豉末、盐、酱油、味精、红油和香油放入碗中，调匀成鲜椒红油味汁，浇在豆腐上，最后撒上葱花，插上牙签成菜。

一掌定乾坤

此菜以豆腐和猪肉为主料，先搅拌成糁状，再放到特制的"熊掌形"模具当中蒸至定型，装盘后浇以咸鲜味汁即可。因成菜形似"熊掌"，故取名"一掌定乾坤"。

做法：把豆腐压成泥，加入猪肉馅、姜末、葱末、盐、胡椒粉、鸡蛋液和生粉，拌成豆腐糁。取熊掌形模具，先在里边抹一层化猪油，然后填入调好的"豆腐糁"，上笼蒸熟取出，翻扣在盘里。净锅放少许的油，下姜末和青红椒粒炝锅，倒入适量鲜汤并下入火腿粒，再加入盐和胡椒粉调味，勾薄芡后起锅浇在熊掌形豆腐上即成。

巴中

探访巴中的乡土风味

俗话说："十里不同风，百里不同俗。"就拿饮食来说，每个地方都有各自特色鲜明的乡土菜。

虽然我以前对地处川东北巴中市的特色美味了解不多，但还是听说过当地的南江黄羊、空山黄牛、"灰菜"（一种魔芋制品）、臭老婆蒸肉（"臭老婆"是一种树叶）、香菇炖腊肉等食材和地方菜。几年前，我专门去了巴中，在当地朋友戴建春、李绪刚、张朝文等人的热情接待下，走马观花式地探访了几家风味土菜馆。

与其他地级城市的土菜馆不同，我发现巴中城里的土菜馆，大多打着"纯清油（即菜籽油）大碗菜""纯清油小炒"等宣传旗号。下面介绍几种当地的特色菜。

🍳 煳辣子炒腊肉

煳辣子是一种农家腌菜，是将秋海椒剁碎后，再加玉米粉、大米粉拌匀，装坛后自然发酵腌制而成，成品带有一股淡淡的酸辣香气。

做法：先往锅里放油，下腊肉片煸炒至吐油时，倒入煳辣子炒香炒熟，最后撒入蒜苗段，稍炒便可起锅装盘。

🍳 车前草炖猪蹄

这是当地的民间菜，听说食后有清热降火的功效。为了让菜色美观，车前草下锅炖至断生即可装碗上桌。不过要是久炖的话，成菜的山野风味会更浓。

做法：把猪蹄治净，先放入锅里，加水和绿豆一起炖至软熟，再加入车前草同炖五分钟，放盐调好味即可装碗。

🍳 炸茴香苗

茴香苗，多用来拌制凉菜，这里却将其制作成了一道炸制的小吃。

做法：把鲜嫩的茴香苗洗净，逐一蘸上已调成咸鲜口味的面粉糊，下油锅炸至酥香，捞出来装盘即成。

🍳 香辣羊肉

做法：取新鲜羊肉切成小条，放入碗中加盐、白酒、酱油和少许的生粉码味，随后下入油锅炒至断生，倒出来沥油待用。锅留底油，先放干辣椒段、干红花椒、鲜青花椒、青辣椒段和洋葱块炒香，倒入羊肉条，并加盐和味精，翻炒至香味浓郁，出锅即成。

◉ 农家水酥肉

这道农家水酥肉是将炸好的酥肉再加工而成的一道菜。

做法：锅里放少许油烧热，下姜末炝香，倒入适量清水，待水烧开后把炸好的酥肉下锅，煮至软熟时，放入青菜同煮，用盐和味精调味，起锅装碗，撒些葱花即成。

◉ 盆盆鸡

这道菜是把鸡块与乡土食材灰菜一同炒制而成的。

做法：把仔鸡剁成小块，加姜、葱、盐和料酒码味。净锅上火放油，下鸡块炸熟捞出来沥油，把灰菜切成片，下锅稍炸，倒出来沥油。锅留底油，先放干辣椒段、姜片、蒜片、豆瓣酱和花椒炒香，再倒入鸡块和灰菜片，加盐、白糖和味精，后撒入青椒段和大葱段，稍炒即可。

◉ 粉蒸厚皮菜

以往，厚皮菜在人们手里多是用来做烧菜或炒菜，比如豆瓣酱烧厚皮菜、蚕豆炒厚皮菜等，很少见到有人用来粉蒸。

做法：取厚皮菜的梗切成条，放入沸水锅里焯水后，捞出来漂凉并沥水，放入盆中，随后加油酥豆瓣、盐、青豌豆和蒸肉米粉拌匀，待入笼蒸熟后，取出来翻扣在平盘里，撒上葱花即成。

◉ 酸菜粉丝滑肉

这道半汤菜，是把酸菜粉丝汤与民间的水滑肉加以结合而成的。

做法：把猪瘦肉切成条，加姜末、盐、料酒、鸡蛋液和红苕淀粉抓匀。净锅放油烧热，下酸菜丝、野山椒碎炒香后，倒入适量清水烧至微开，再分散着下入肉条煮熟，接着把水发粉丝下锅并加盐、味精，推匀起锅后装碗，撒些葱花即成。

巴中

醋汤麻花

　　说到巴中的民间小吃，有三样不可不提，一是曾口镇的麻花，二是清江镇的芝麻壳（类似于烧饼），三是恩阳古镇的提糖麻饼。那天，李绪刚在听说我对当地小吃感兴趣后，提出要带我去曾口镇品尝麻花。

　　曾口镇离巴中市市区有三四十公里，那里的麻花在当地颇有名气，据说是有历史原因的。曾口在旧时，是巴河边上的一个水陆码头，由于来往的船工普遍喜欢麻花这种便于携带的吃食，故街上不仅麻花摊摆得多，而且还演变出了一种名叫醋汤麻花的独特美食。

　　如今，曾口的船运景象早已见不到了，可是当地人爱吃麻花的习俗却被沿袭下来。现在镇上制售麻花的小店还有五六家，而那天我们去的是一家名叫"疤娃麻花"的小店。店主王洪明因脸上有疤痕而得了"疤娃"这个诨名。我们到那里时，他正在店门口摆着的大油锅前炸麻花。让我们感到奇特的是，这种麻

醋汤麻花制作过程

花呈细长形状，一问才知道，这里的麻花因其形状像粗绳索，在早年也叫"索把子"。

我拿起麻花品尝，感觉并不如想象中的那般酥脆，而是带有一定的韧劲。王洪明告诉我，当地的麻花都是这样的口感，因为和面时只用了酵面、盐、食碱和水四样原料。

曾口的麻花除了可直接食用外，还可以用来煮食。在逢场天，来街上赶场的乡亲除了买麻花带回去外，有时还会坐下来吃碗醋汤麻花才走。当天，王洪明的妻子张月就给我煮了一碗。只见她先把炖好的骨头汤舀到碗里，再加姜末、蒜末、胡椒粉、红油和香醋调成酸辣汤（酸重辣轻），等到把绿叶蔬菜和麻花在沸水锅里稍煮后，捞入酸辣汤碗里就可以吃了。醋汤麻花吃起来酸辣开胃，韧中带软，与干吃的麻花相比，又是另一番滋味。

如今，曾口麻花已经成了当地人的一种情感寄托，外面的游子回到曾口，都少不了要去街上吃一碗醋汤麻花，而在离开家乡时，又总是会想着带些麻花走。

在知味苑探食

达州市位于四川东北部，地处大巴山南麓，辖区内有达川区、通川区渠县、开江县、大竹县、宣汉县和万源市。这里有很多土特产食材，像渠县的黄花菜，大竹县的东柳醪糟，万源市的岩耳、岩豆、黑鸡、腊肉、腊蹄，宣汉县的豆干，开江县的豆笋等。而当地美味也是数不胜数，几乎每个县市都能找出不少来，比如灯影牛肉、石梯蒸鱼、江阳酸辣鸡、木瓜铺松菌鸡、大风羊肉、赵家刘肥肠和麻柳南瓜鸭，大竹县的东柳鱼头、剔骨肉，宣汉县的麻辣鸡，渠县的坛子肉、涌兴卢板鸭等。

对于上面所罗列的那些食材及菜品，外地读者看起来可能不知所云。那么归纳起来，达州美食都有哪些特点呢？有人认为是当地食材的原生态及菜肴的乡土味浓。也有人认为，达州菜的风格似乎介于成渝两地之间，既有重庆菜的粗犷豪放，又有成都菜的精细婉约。还有人认为，达州菜的特点主要还是体现在调味上，比如当地人擅长用泡酸萝卜、泡椒等去调制酸辣味，当地厨师普遍喜欢用山胡椒来烹鸡煮鱼……

知味苑是达州一家知名餐馆，店老板李建告诉我："知味苑一直都在挖掘达州当地的民间风味美食。店里的菜品，也正是从各县市的风味名食当中精选出来的……"

① 岩耳
② 岩豆

蒸散散

　　当年，知味苑在达州市二马路开业时，完全是以家常风味菜为主。而在刚开业初期生意不好，的确让李建犯了愁。拿什么菜来吸引食客呢？有一天李建想到儿时在老家渠县乡下吃过的一道土菜——蒸散散，就是将各种时令蔬菜拌上米粉后，再入笼蒸熟。于是，他尝试着把这道土菜搬进了店堂。也许是因为物美价廉，或者是它本身就带有一种乡土风情，总之这蒸散散甫一面市就让达州市民记住了它，而知味苑当年也因这道菜的热卖而让生意渐有起色。

　　这道菜的制法比较讲究：比如要依季节来选时令蔬菜，像茼蒿、萝卜、白菜、芹菜叶、嫩南瓜、红苕尖等；比如所用到的米粉得自制——制作时，需先把大米炒香，再磨成粗粉来用（米粉过细口感较差）。

　　制作时分别把嫩南瓜切丝、红苕尖撕去筋、白萝卜切丝，把三样食材分别调味后再加米粉拌匀，然后盛入小竹笼里蒸熟成菜。虽然这三种蔬菜的蒸法类似，但成菜后的香味却各不相同。

灯影牛肉是传统名食，这种牛肉薄如纸，色红亮，味麻辣。据资料介绍，它最早出现于清光绪年间，当时一位刘姓艺人流落至达州，以做腌卤牛肉为生。每当黄昏来临时，他都会在闹市设摊，而为了招徕顾客，他在食摊前挂起了一张又大又薄的牛肉干，还在后面点上一盏油灯——映得那牛肉干红亮透影，于是人们便称他卖的牛肉干为"灯影牛肉"。

继承传统不等于是完全照搬传统，知味苑将这道名食做了一点改良，把灯影牛肉与油炸过的灯影苔片一起装盘上桌，取名琥珀灯影，不仅使成菜当中有荤有素，而且色泽及口味都更胜一筹。

当然知味苑还有不少民间菜，比如宕渠丸子、渠县坛子肉、豆笋泡菜鸭、万源土豆烧黑鸡、猪头水八块等。

琥珀灯影

📍 宕渠丸子

渠县古称宕渠，当地人做的丸子并非球形，而是呈圆片状。它一般是跟油炸酥肉同装碗内，入笼蒸至软熟后，再出笼翻扣于土碗内，最后灌入味汁上桌。不过知味苑在制作此菜时不再搭配酥肉，而是直接灌鲜汤蒸熟后成菜。

做法：先把糯米蒸熟，再加入绞好的猪肉蓉、姜粒、葱粒、红苕淀粉、盐和鸡蛋液拌匀，做成圆条状并用纱布包裹好，上笼蒸熟。放凉后，切成椭圆形片，铺在大土碗内，灌入咸鲜口味的汤，入笼蒸热后取出，滗出原汁再翻扣入碗内，最后灌入原汁，撒上葱花便可。

📍 渠县坛子肉

民国时期，渠县卷硐乡出过一道远近闻名的菜品——坛子肉，它是将多种荤素原料一同放入土陶坛内，然后置于草木火灰当中长时间煨制而成，成菜把糯鲜香。知味苑厨师在制作此菜时，改煨为蒸，结果成菜的效果也不错。

做法：把猪蹄治净，下入油锅过油后捞出，再与炸过的酥肉、肉糕片、芸豆、渠县黄花和油炸鸡蛋等一并装入坛内，随后灌入调成咸鲜口味的鲜汤，上笼蒸2小时至猪蹄把糯时，便可端出来上桌。

♀ 豆笋泡菜鸭

豆笋是开江县的土特产，而豆笋泡菜鸭则是当地的一道居家风味菜，制作此菜选用的是土麻鸭。

做法：将鸭治净后斩成条，先入烧热的油锅里加老泡菜、姜、泡椒等炒出香味，接着倒入适量的鲜汤并调成家常口味，等鸭块烧熟后放入泡发好的开江豆笋，烧至入味，起锅装入窝盘，撒葱段便可上桌。

♀ 万源土豆烧黑鸡

万源市旧院镇的黑鸡，与一般的乌鸡可不大一样，其特点是个大，全身乌黑油亮，连母鸡所产鸡蛋的蛋壳也呈浅黑色。把土豆与黑鸡同烧是万源的一道特色菜。

做法：将黑鸡治净斩成块，先放入热油锅里炒干，再加入泡椒、豆瓣、鲜花椒和盐炒香，然后倒入适量清水并调成家常口味，烧至鸡肉半熟时加入土豆块，等到烧入味后起锅装盘，撒葱花便可上桌。

🄿 猪头水八块

水八块是渠县三汇镇的地方名菜，当地人又叫它鸡八块，其实就是一种红油味的凉拌鸡。不知从何时起，达州厨师借鉴水八块的制法拌制猪头肉，并且还为其取名猪头水八块。

做法：把去骨猪头肉入锅卤熟后，先用重物压平，然后片成大而薄的片，装入垫有青笋片的盘中并淋上调好的麻辣味汁即可。

🄿 罐儿粉蒸肉

盛装此菜用的铁罐儿，在川东农村又叫鼎罐儿，旧时是一种煮饭用的炊具。如今，知味苑的大厨把这鼎罐儿搬进了餐厅，不仅用来制作各种菜焖饭，还用来烹制粉蒸肉。

做法：先把猪五花肉切成大片，再加入油酥豆瓣、盐、姜末、蒸肉米粉等拌匀，待用。把万源土豆去皮并切成块（见图1），放入鼎罐内，加入盐、豆瓣酱和少许糖拌匀，接着倒入适量清水（以刚淹没土豆块为宜，见图2），铺上拌好的猪五花肉片。将鼎罐儿盖上盖，置煲仔炉上，先大火烧开，再改小火焖烧至土豆和粉蒸肉熟。揭开盖撒入葱花，连锅一起端上桌便大功告成。

大风向阳羊肉

"大风向阳羊肉"是一家小餐馆的店名。大风是达川区的一个乡，地处达州城区往开江方向的公路边。向阳是这家小餐馆老板的名字，羊肉菜肴则是店里的招牌菜，三者合一便得此店名。

一大早，我们开车从达州城区出发，约莫半个小时后便远远地见到公路左边有一排房子，外墙上挂着一块招牌——大风向阳羊肉。当我们停车走向店门时，向阳已经迎了出来。据向阳介绍，他这家店在当地算是老店了。

我们跟着向阳走进厨房，第一感觉就是"原始"——因为这里烧的还是煤炭，蒸饭用的也是以前乡下的那种大木甑。不过，这间厨房的布局倒还合理，内部被隔成了相对独立的三间，一间用于宰羊、清洗和初加工，一间用于切菜和配菜，一间则用于烹菜、蒸饭。

上午9点，向阳就开始忙着做汽水羊肉（达州当地的叫法，又叫羊肉格格，即粉蒸羊肉）了。他向我们介绍道："每天清晨天未亮时就得起床，把羊宰杀好。这宰羊可是个细活，在把羊放血、剥皮后，还得挂起来剔骨，然后分类取料。哪些部位适合用来做汽水羊肉，哪些部位可用来爆炒，哪些用来炖汤，都是有讲究的。"

汽水羊肉

应我们的要求，向阳把汽水羊肉装入小笼后，随即又给我们做了几道特色羊肉菜，这些菜分别是：火爆羊肝、烧羊血、烧羊蹄、炖羊肉和生爆羊肚。向阳告诉我们，火爆羊肝是用川东农家的泡海椒炒出来的，吃起来口感酸辣，羊肝比猪肝细嫩，因此在爆炒时对火候的要求相当高。烧羊血也适合做成酸辣味，除了加泡海椒调味外，还要加一些泡酸菜进去。向阳还透露了一点小秘密，他说现在一些羊肉店里卖的羊血，有不少掺假，有的甚至用猪血来代替。那么怎样去判断你点的羊血的真假呢？最有效的一点就是羊血的口感，大致来说，羊血的口感脆嫩，鸭血的口感细嫩，而猪血的口感绵软，这样一比较就好鉴别了。

烧羊蹄做的是家常味，做此菜比较费工费时，得先把羊蹄烧毛刮洗干净，放汤锅里煮至软熟捞出后，再放入另一口锅烧至入味成菜。

值得一说的是生爆羊肚，这道菜在达州极具代表性，虽然当地的各家餐馆都在卖，但做法上还是有一些细微差别。向阳对这道菜也有自己的独到见解，他说："生爆羊肚是用生羊肚爆炒出来的，吃到嘴里要脆才行，因此一定要选当天的新鲜羊肚。另外，羊肚爆炒前需要反复清洗后才可切条，在整个加工过程中不能用任何碱性物质去腌渍，也无须下锅汆水。那么怎样鉴别羊肚是不是清洗干净了呢？那就要靠鼻子闻。羊肚搓洗干净后，闻起来带一股青草味；如果没洗干净，那就会带一股膻味。"生爆羊肚时，向阳还独创了个小绝招——在爆制时盖上锅盖。

向阳在灶前烹菜

具体方法是：锅里放菜籽油烧热，然后倒入切成条的生羊肚，立即盖上锅盖，心里默数1、2、3……数到5时，揭开锅盖，再下入泡辣椒、泡姜、蒜末、芹菜段、大葱段一起炒香，最后调入盐和味精，稍炒便起锅成菜。这种加盖爆炒至脆的方法，我们之前还真没有见过。按向阳的说法，加盖可以同时起到爆和焖的效果，这样炒出来的羊肚会更脆一些。

听说每天来这里的食客有不少还是从开江县、达州市开车过来的。我们临走时忍不住询问："向老板，你做的羊肉是家传厨艺还是跟哪位高厨学的？"他一听便笑了起来，说："我在十多年前开小面馆时，因为感觉卖面挣钱太慢，所以才自己试着卖起了汽水羊肉，到后来我干脆以卖羊肉系列菜为主了。"原来如此美味的羊肴，竟然是他自己琢磨出来的。

① 火爆羊肝
② 烧羊血
③ 生爆羊肚
④ 烧羊蹄

赵家刘肥肠

达川区赵家镇的刘肥肠小有名气，虽然如今该店已从赵家镇搬到了达州城，但多年前我去老店品味的情景还历历在目。

那时，我在网上查到这家店的订餐电话后，便与店老板刘伟提前取得了联系。我们的车从达州出发，沿达渝高速前行至百节出口下高速，过了马家乡不久就到赵家镇了。天开始下起小雨，当辗转找到这家小餐馆时，刘伟已经在店内等候我们多时了。我们刚坐下来，他手里的电话就响了起来，听得出那是有人来订餐。没想到刘伟在电话里大声对着人家嚷道："你们今天不要过来了，下雨，路不好走，我不骗你，天晴再过来吃嘛。"咦？有这样开店的吗？连送上门来的生意都不做？放下电话后，刘伟便对我们说："人家从大竹县那边开车来吃肥肠，你看今天这路，哪能开得进来嘛，我还不如早点告诉人家不要来……"

刘伟从厨已经有十多年了，以前在广东等地打过工。2006年时，厌倦了打工生活的他回到老家赵家镇，与妻子一起在市场上开起了这家小餐馆。据他妻子讲，最初开餐馆时，他们的菜品卖得比较杂，而刘伟最擅长的还是烹制肥肠，于是后来做店招牌时，便取名为"刘肥肠"，经营的菜品也改成了以肥肠为主。

① 尖椒炒肥肠
② 粉蒸肥肠
③ 火爆肠花
④ 青豌豆肥肠汤

♀ 尖椒炒肥肠

不用多说，名为"刘肥肠"，那么店里的特色菜自然就是肥肠菜了。先说这道尖椒炒肥肠，是把肥肠煮熟后切成段，然后加青尖椒段、鲜花椒、芹菜段、大蒜炒制的，吃起来鲜辣带麻。

♀ 粉蒸肥肠

粉蒸肥肠的制法比较特殊，把肥肠洗净余水后切成段，再入锅煸炒去异味，然后冲洗干净，接着加蒸肉米粉拌匀后蒸制成菜。不过刘伟还告诉我们，这蒸肥肠与其他的蒸菜不一样，只有慢火蒸出来的肥肠才会带着一点脆感。

🔴 火爆肠花

火爆肠花的取料比较独特，是把肥厚的猪肠头剞花刀后，再加泡椒、泡姜炒成酸辣味菜式。做这一盘菜，需要好几头猪的肠头——因为每副猪肠都只有那么短短的一段适合制作此菜。

🔴 青豌豆肥肠汤

青豌豆肥肠汤是把洗净并余过水的肥肠段放入高压锅里，加少许酸萝卜片、整个的泡米椒，压至软熟后，再开盖加青豌豆同炖成菜。汤鲜味美，略微酸辣，口感相当不错，值得推荐。

其实在我们看来，刘伟的这些肥肠菜做法都不特殊，可吃起来却感觉和以前吃过的一些肥肠菜不大一样。对此，刘伟毫不遮掩地告诉我们，他做的肥肠菜除了讲究调味外，不同之处还在于选料和初加工。"农家粮食猪"的肥肠为上选，质薄、发污的均不能入看。所用泡姜、泡椒、泡酸萝卜等调料，最好是农家自制的，这样风味才够地道。

"还是那句老话，我做生意讲原则，选料上一点都不能马虎。店里的肥肠，都是我每天早上5点起来去各个乡镇菜市场买回来的。我选料的标准是，肥肠要厚，要白净，只要品质好，哪怕是价格高点也无所谓。洗肥肠还是个慢活，我每天早上7点多买回肥肠以后，全家四五个人差不多要洗到9点多钟，把肥肠洗白净了才用来做菜……"

做"好菜"离不开品质上乘的原料。我想，这大概就是这家小餐馆能够持续红火的原因吧。

酸辣鸡

达州

江阳酸辣鸡

　　达州人爱吃鸡肴，前些年大街小巷能见到"点杀鸡"的餐馆，家家基本都在卖酸辣鸡且生意火爆。据说，达州酸辣鸡的制法有多种版本，但最常见的还要数江阳酸辣鸡。

　　江阳乡距达州城区有13公里，许多年前，这里的酸辣鸡就名声在外了。自从2004年第一家江阳酸辣鸡店进驻达州城区以后，打着各种旗号的酸辣鸡店便逐渐风生水起。

　　酸辣鸡称得上是一道个性十足的江湖菜，具有酸酸辣辣、香麻沁脾、爽口开胃、山胡椒味浓等特点。在达州开家常菜馆的朋友杨如涛告诉我，

"点杀"后的鸡通常做成两道主菜，一道是酸辣鸡，一道是土豆焖鸡，而鸡杂用酸菜炒后端上桌，鸡血则煮成汤。也就是说，顾客点杀一只鸡后，可以吃到四种不同风味的菜肴。

杨如涛还说，做酸辣鸡与土豆焖鸡这两道菜时，对土鸡的分档取料很讲究。制作酸辣鸡，一般是选用鸡腿、鸡胸、鸡翅等肉多的部位。而余下的鸡头、鸡颈、鸡爪、鸡脊背等骨多的部位，则斩成大块与土豆同焖。身为老板兼大厨的杨如涛，那天边说边给我们演示了这两道菜的具体做法。

先说酸辣鸡，此菜极具地方特色，因而在选择原材料时，最好是选用当地的酸萝卜、山胡椒油等调料、辅料。

做法：把鸡宰杀后治净，取鸡大腿、鸡胸和鸡翅部位，带骨剁成小块后，放入盆中加盐、料酒码味。（见图1）酸萝卜切成丁，泡辣椒切成马耳朵状，野山椒拍破，香菇切成块，青蒜苗、芹菜分别切成小段。

净锅倒入菜籽油烧至六成热时，将鸡块倒进去并用炒勺轻推，炸至鸡块皮紧时，再倒出来控油。（见图2）

锅里留油烧至四成热，放入鲜花椒、姜末、泡椒、野山椒炒香，再放郫县豆瓣稍炒（见图3），然后倒入鸡块和酸萝卜丁翻炒至鸡块吐油生香时，烹入料酒并倒入适量清水烧开。（见图4）

往锅里倒入香菇块，待中火烧至鸡块熟透入味时，放青蒜苗和芹菜段，随后调入白糖、味精和山胡椒油，推匀便可起锅装盘。（见图5）

土豆焖鸡

再说土豆焖鸡的制法。取余下的鸡头、鸡颈、鸡爪和鸡脊背肉剁成大块，放入盆中加盐、老抽和料酒腌一会儿。（见图1、图2）另把土豆去皮并切成大块。

净锅放菜籽油烧至四成热时，放干辣椒、花椒和姜末炒香，接着加郫县豆瓣、香辣酱炒至亮色，再倒入鸡块小火慢炒，待鸡块收缩、皮紧、出香味后，烹入料酒翻炒匀，淋少许鲜汤略烧片刻，调入味精和白糖。（见图3）

把土豆块倒入高压锅内，再把鸡块连汤带汁一并平铺在土豆上面，盖上高压锅盖压8分钟，起锅装盘并撒上葱花即成。（见图4）

制作此菜需注意，用高压锅压鸡时汤汁不能过多，压至土豆微微有点起锅巴，效果最佳。

麻辣豆腐鱼

　　在万州，除了多样的鱼鲜菜以外，还有远近闻名的万州烤鱼。可到了晚上，老盐坊餐馆的尹政却一再邀请我们去他们公司的另一家店品尝麻辣豆腐鱼。

　　我们在店门口刚下车，就看见一块写着"王家坡麻辣豆腐鱼"的霓虹灯招牌。进到店里，尹政直接拉我们去了厨房，他说做这鱼看没什么好保密的，并且做法也不难，关键是要让我们看看这鱼是怎么做出来的。

　　与别处喧嚣的厨房相比，这家餐馆的厨房显得有些清静，因为里面就只有一位烧鱼的师傅和一位杀鱼的小厨，这情景让我们都感到有些诧异。

　　小厨在捞鱼了，我赶紧凑近看，鱼池里养着的全是四五斤重的大花鲢。尹政对我们说，花鲢没什么细刺，口感也比较好。我赶紧拿出相机——只见小厨用钢丝刷几下就把鱼身上的鳞打理干净了，接着，他开始剁鱼……为了拍到好的画面，我不得不几次对他喊停，看来我们这次又碰到了职业"杀手"，当然这指的是杀鱼的高手和快手。

　　在整个拍摄过程中，尹政简直就成了现场解说员。他告诉我们，店里做这种鱼只需要短短的几分钟，调味料也不特殊，普通人家都有。我当时特意细看了一下调料台上摆着的调料，果真如此。

　　小厨把鱼块装入盆里，加入盐、味精和红薯淀粉，用手拌匀。而在厨房的另一侧，小厨杀鱼的同时，烧鱼的师傅已经动手把菜籽油、姜、蒜、豆瓣酱在锅里先炒香，再倒入水烧开并调好味。然后另起一锅烧热油，把鱼块下入油锅中炸一下，迅速捞出放在调好味的红汤锅里边，随后又往锅里倒了半瓶啤酒，另外把豆腐用刀打成大片下到锅里，加盐、味精、糖等调味，两三分钟后，起锅倒在一只不锈钢盘内。接着往盘里撒入香酥花生米、刀口辣椒面、姜末、蒜末、花椒粉、

花椒和葱花。最后，换净锅把香辣油烧热，直接浇在盘中的豆腐鱼上。一股热气升腾而起，夹杂着辣香、麻香及葱姜蒜的香味，让人立马有了迫不及待想品尝的冲动。

麻辣豆腐鱼上桌后，入口一尝，感觉鱼肉和豆腐都很细嫩，因为有热油激香小料，所以成菜不仅麻辣味浓，鲜香十足，而且口感滚烫，那种感觉真的是"巴适得很"（四川方言，指味道非常好）。也就是在这个时候，我才算是明白了，这麻辣豆腐鱼其实有两层含义，一是指用豆腐和鱼同烹而成的；二是指鱼肉吃起来有如吃嫩豆腐一般。

是的，这做法粗犷的麻辣豆腐鱼，说白了又是一道江湖菜——不讲究盛器，不讲究造型，要的是味道。

 左家寨的农家菜

左家寨天农庄，这个餐馆名就带有一点点江湖味道。

我们的车从铜梁县城出发，向东开约 10 分钟，在公路的左边便看见一块大大的招牌，上面写着"左家寨欢迎你"的字样。别急，这还没到左家寨呢，招牌上还有一行小字——请向前 1500 米。车子左拐弯，便进入了乡间小道，"绿树村边合""鸡鸣桑树颠"的画面便呈现在了我们眼前。

沿着弯弯曲曲的乡村公路，汽车一路爬坡下坎终于到了小道尽头，同行的当地朋友告诉我们，前面就是左家寨了。透过一大片楠竹林，几排别致的瓦房掩映其间，炊烟此时正从屋顶上冉冉升起，好一片静谧的田园风光。

在朋友的引荐下，我们见到了"寨主"（这里的老板）左光文先生。原来左光文就是这左家沟土生土长的人，多年前他把周边的几个山头承包了下来，开始只是种植一些药材和养鸡、羊等，后来他突发奇想竟在自己的老屋边修起了一排似吊脚楼的瓦房，并取名"左家寨"，开起了农家乐。

白砍兔

　　既然是农家乐，那肯定少不了农家菜。这不，我们在厨房里就看见一位太婆正在点豆花。太婆告诉我们，这里的豆花都是用柴火煮出来的，而且用来蘸豆花的蘸碟还要加当地的一种叫"鱼香草"的调料，这才够香。而在灶旁的案台上，摆放着一盆盆切好的泡萝卜丝和泡青辣椒等乡土调味料，在墙角的石磨下，还堆放着数十个老南瓜……看到这番景象，还等什么呢，赶紧点菜吧。

　　农家泉水豆花自然是少不了的，老南瓜煮的绿豆汤正好可以消暑热。至于左家寨的特色大菜，还是交由"寨主"安排吧。很快，一大盘凉拌的兔肉端了上来，兔肉是用不锈钢盘盛着的，一眼扫过去还带着不少红艳艳的油辣椒、白酥酥的芝麻和绿油油的葱花。这菜给我们的感觉，不但农家味浓郁，而且江湖味厚重。左光文说这道菜叫白砍兔，有的客人也爱称它为乱砍兔。

　　美食当前，不争气的嘴巴哪经得住这般诱惑，我拿起筷子，撺了一块兔肉丢进嘴里。一嚼，真的是够麻辣、够鲜香，看似结实的兔肉却细嫩如鸡肉，引得我不由又举筷伸向盘里。

香辣鸡

粉蒸泥鳅

　　见我们吃得满面红光，左光文颇为自豪地告诉我们，这道兔肴是他自创的，当然也借鉴了重庆璧山一带的烹兔方法。其制法不难，就是把去皮的净兔斩成两大块，放在加有些许香料的开水锅里煮熟，捞出凉凉后斩成块装盘，浇上用油辣椒、姜、盐、醋、糖、花椒粉等调成的麻辣味汁，再撒上葱花和熟芝麻就可以了。做这道菜有一点很关键，那就是活兔要现宰现煮，用的兔子都是自己散养在农庄里的，因此能很好地保证原料的新鲜度。

　　当我还沉浸在兔肉的鲜香麻辣间不能自拔时，大刀烧白登场了。足有半尺长且肥瘦相间的肉片，看上去油润发亮。同桌的人都一个劲地在夸这烧白"资格"（四川方言，指正宗、地道）、"巴适"（四川方言，指味道好），我赶紧撷了一片细细品味。

　　随后陆续端上桌的香辣鸡、过水鱼、粉蒸泥鳅等菜，让我感觉有些后悔了——俗话说大戏都在后面，我咋就没想到要给胃预留点空间呢？鸡块是入菜籽油锅干炒后加辣椒段、啤酒焖熟的，吃起来香辣中带着一股啤酒的醇香。而过水鱼是入锅煮熟装盘，再挂上家常味汁并撒上芹菜叶提味，鱼肉极为细嫩，而其中的芹菜叶，还给菜肴平添了一丝异香……

　　不知哪位"老饕"曾说过一句话——美食在乡间，家常菜好吃。左家寨的农家菜源于民间，味道取于家常，实惠可口，如果下次有机会再到铜梁，我还会去左家寨品尝美食。

太平头刀菜

　　在与不少朋友聊天时，他们都说很羡慕我们这些做美食记者的，因为有机会吃到很多特色美食。可是我们有时也有苦衷，因为当把"吃"作为一项工作时，不仅要有一副好的肠胃（一顿吃几家餐馆的事都有），还得随时拥有一双善于发现美食的眼睛。

　　在铜梁的那两天，我们就一个劲地追问当地的朋友，铜梁还有什么好吃的没有。我们要把铜梁的美食一网打尽。朋友挠了半天脑袋，故作神秘地问我们："头刀菜算不算美食？"

　　"头刀菜？是不是农村筵席三蒸九扣中的第一道大菜？"朋友听了直摇头。"那是什么呢？"面对我们的刨根问底，朋友拐弯抹角地道出了答案——头刀菜就是以乡下阉割仔猪时取下的猪睾丸为原料做成的菜。

　　"哦，原来是这个。"见我们毫不惊诧的样子。朋友便给我们娓娓道来："其实，这头刀菜在我们铜梁一带流传已久，过去乡下的传统做法，就是将原料用菜叶包起来放进柴灶用火烧，烧熟后取出来，剥开菜叶撒点盐就可以吃了。现在餐馆里一般都是用来炒成菜，要说在铜梁县城做得较有特色的，还得数太平头刀菜这家餐馆……"

待我们到了这家餐馆，与店里的服务人员交谈得知，太平是铜梁县一镇名，这家餐馆早在 20 世纪 90 年代末就在该镇开业了，以做头刀菜而远近闻名，最近几年，才把店铺搬到了县城。

头刀菜是按斤论价的（当时 90 元 1 斤），铜梁当地的朋友做东，不仅点了 1 斤头刀菜，还点了红烧兔、家常鱼、酸菜红烧鸡、蘸水苔尖、绿豆排骨汤、酸萝卜滑肉汤等家常菜，摆了满满的一大桌子。

首先还是来说这头刀菜吧。店家是用泡青辣椒、泡姜等一同炒制成的，看起来并不太美观，可吃到嘴里，那股酸辣劲儿直让人叫爽，可再一细细品味，似乎又略带了那么一丁点腥膻味儿。当地的朋友解释说，这股若有若无的味儿，爱这口的人都说香哩，如果完全没有这味了，那还叫什么头刀菜呢？看来，饮食这东西，真的是各有喜好。

对当地人来说，吃头刀菜也许吃的就是一种传统，或者说是某种地域性的味道。可对我们外地人来说，吃的也许更多的是一种新奇。当然，这道菜还有一大亮点，那就是菜里的泡青辣椒。据当地朋友讲，铜梁当地百姓都习惯吃泡青辣椒而非红辣椒，因为他们觉得用泡青辣椒做菜比泡红辣椒更香。

在红烧兔、家常鱼、酸菜红烧鸡、蘸水苔尖、绿豆排骨汤和酸萝卜滑肉汤这些菜里，我想着重推荐酸萝卜滑肉汤和蘸水

红烧兔

酸菜红烧鸡

酸萝卜滑肉汤

蘸水苕尖

苕尖这两道菜。大多餐馆做的滑肉汤是咸鲜味，可在太平头刀菜馆，却是用酸萝卜同煮成菜，吃起来咸鲜酸香、细滑可口。而蘸水苕尖虽说是一道小菜，却做得别出新意。因为一般餐馆的苕尖都是入锅后加蒜泥、干辣椒段等炝炒的，而该店却是把它焯水后捞出装盘，再配以用泡菜水和青辣椒末制成的蘸碟蘸食，让你吃着有一种意想不到的美妙口感。

酒鼎尖椒鸡

重庆市区

那年在重庆采访，有位老朋友给我们推荐了位于江北区兴隆路九鼎花园的一家小餐馆——酒鼎尖椒鸡。

这是一家以菜名作为店名的"一招鲜"餐馆。店老板姓王，厨师出身，以前在重庆渝中区饮食服务公司上班，"下海"后仍从事饮食业。

王老板为何要选择尖椒鸡这一道炒菜来作为自己的"一招鲜"项目呢？这还得扯到当年重庆的一道江湖菜——辣子鸡上面去。王老板说，重庆辣子鸡曾经红极一时，可如今却声势渐弱，这大概与时下多数人的口味改变相关。辣子鸡是用干辣椒段和干红花椒炒制而成的，追求的是一种"大麻大辣"，而现在，食客的口味追求的是鲜辣鲜麻，所以他卖的"酒鼎尖椒鸡"是为了迎合消费者而推出的一道新"江湖菜"。

其实，这道尖椒鸡并非王老板首创或首推，我们还记得，多年前就有人以尖椒鸡为特色菜开过餐馆。与众多成功的创业者一样，这位王老板开店成功，是因为摸准了食客的口味，找到了市场的热点。

王老板在跟我们谈起他的生意经时，颇有心得地说："'一招鲜'餐馆，说白了还是大众餐馆，人们吃的是口味，要的是价格实惠，而对于店家自身来说，菜品的种类不可能多，同时还要尽量选简单易做的菜作为主打，这样不仅上客时出菜快，而且菜品的制作成本也不会太高。"

据店内杀鸡的师傅透露，他们店每天都要卖50~60只鸡，用于炒鸡的青尖椒要上百斤，太让人吃惊了。我们在厨房里见到的那一块专门用于剁鸡块的菜墩，听说原本有半米多厚，可是还没剁上大半年，就变成薄薄的菜墩了……

眼下，尖椒鸡这道菜在川渝餐饮市场上已经出现了很多种版本，有加小米椒炒出来的，还有加二荆条青红椒和子姜炒出来的。这里，介绍一下酒鼎尖椒鸡的制法：

把仔公鸡宰杀治净后，斩成小条放入盆中，加盐、料酒、鸡蛋和少许生粉先拌匀腌一下（见图1），再下入高油温锅里炸至皮肉稍酥，然后倒出来沥油。锅留底油，下入干青花椒和竖切开的鲜青尖椒炒香（见图2），最后倒入鸡肉条并加入盐、花椒粉、鸡精等，炒匀了便可出锅。（见图3）

重庆
市区

饭江湖的江湖风

　　重庆与成都，是四川盆地内两座个性鲜明的城市，一个依山而建、地势高低错落，一个一马平川。或许是受地理环境的影响吧，两个城市的人在性格和饮食口味上有一些差异。就拿饮食来说，重庆人更偏好大麻大辣的菜，其中以江湖菜最具代表性，其制法粗犷、豪放。

　　"饭江湖"开在渝中区东水门正街，离湖广会馆不远。这家餐馆的内外布置，有点像旧时的客栈，很有江湖味道。店外旌旗招展，店门口挂着三个竹匾，上边分别写着"饭""江""湖"三个字。走进店内，只见清一色的八仙桌、宽板凳，而在墙角的吧台上，放着两个包着红布的大酒坛，吧台上方则是用木板做的菜牌，上面写着鲊海椒土豆片、三碗不过冈、萝卜连锅汤等菜名。四面墙上还贴着"标语"，其实都是食客就餐后留下的评语，让我印象深刻的是其中一句"江湖事，饭局了"。

　　这家很江湖的菜馆，连店里的服务员也是清一色的店小二打扮，而他们在与客人交流时，也老是喊着"客官、客官……"。那天中午还不到 12 点，店堂里就已经来了不少的客人。在与店主人见面小聊后，她让服务员端来了该店的一些特色菜，有姜爆鸭、扣水墩、林中藕遇、鲜椒过水鱼、袍哥鳝段、辣子鸡、水煮江湖、麻得跳等。

　　菜都是用土碗端上来的，给人一种家常菜的亲切感。在边吃边聊中，店主人告诉我们，"饭江湖"的菜大多来自民间。姜爆鸭是用子姜片与鸭块同烧的，我拣起一块来品尝，鸭肉香中带辣，让我一下就想起了传统川菜当中的子姜鸭丝来。扣水墩，是民间九大碗席桌上的一道菜，是把猪五花肉切成墩状（即方块），再与芽菜同蒸成菜。

① 鲜椒过水鱼

② 辣子鸡

③ 袍哥鳝段

鲜椒过水鱼

过水鱼又叫跳水鱼，近些年在川渝的不少餐馆都有售卖，一般做成家常味或者鱼香味。该店重用鲜青椒末、鲜红椒末、葱末调味，成菜有一种独特的风味。

做法：把草鱼宰杀治净，在鱼身两面均剞直花刀，以便煮时易熟，且浇汁后便于入味。锅中倒入大量清水，放入老姜片、大葱段、盐、料酒、胡椒粉和化猪油，中火烧开后下入草鱼，小火煮至鱼肉熟软，然后把鱼捞出摆放在盘中。锅洗净，放入色拉油和菜籽油烧热，下入蒜米、泡姜米、鲜青椒末、鲜红椒末炒出香味，加盐、胡椒粉、味精、鸡精调味，起锅浇在鱼身上，最后撒上大量葱花，再浇适量热油激香即可。

辣子鸡

辣子鸡是山城重庆的地标级美食，早些年以歌乐山辣子鸡甚为有名。如今大多江湖菜馆均有此菜，制法与口味也略有不同。烹制此菜时需要注意，一定要选仔土公鸡，成菜肉质才能酥香软嫩。

做法：取治净的仔土公鸡，去大骨后剁成小块。取锅上火，放菜籽油烧热，下入干辣椒段炒出香味，放入鸡块、蒜瓣、姜片和花椒，边炒边烹入料酒，待炒至鸡块熟透，放入红酱油继续炒至鸡肉酥香，再放入盐和味精，最后撒入葱段和油酥花生米，起锅装盘即可。

袍哥鳝段

这道菜是把鳝鱼加泡辣椒、豆瓣酱、鲜花椒等炒制而成的，用大盘盛装，麻辣味浓，江湖味十足。

做法：把鳝鱼治净，去骨后斜刀切成片，放入碗中，加适量的盐和料酒码味。净锅放菜籽油烧热，先下入鳝鱼片爆炒至断生后，倒出沥油。锅留底油，先下入干辣椒段爆香，再加入泡红辣椒、泡青辣椒、豆瓣酱、姜片、蒜片和鲜花椒炒香，倒入鳝鱼片，烹入料酒，鳝鱼片炒熟后倒入适量酱油，下入蒜薹段，加盐和味精炒匀即可。

📍 林中藕遇

把腊肉片与藕块同炒，在餐馆菜肴中并不多见，再加上取了一个这么有趣的菜名，让此菜的点单率颇高。

做法：腊肉煮熟后切成片，莲藕洗净后用高压锅压熟，切成块。锅里放油烧热，先下入莲藕块稍炸，倒出沥油。锅里留少许油，下入腊肉片、姜末爆炒出香味，再下入藕块，并加入蒜苗段、盐、味精炒匀即可。

📍 水煮江湖

此菜做法与传统川菜中的"水煮系列菜"不同，有些类似于重庆名菜毛血旺，味道浓厚且所用的食材品种丰富。

做法：先把牛毛肚、黄喉片、鸭肠段、猪瘦肉片、鳝鱼片放入沸水锅里汆一下，捞出。然后将锅洗净，放菜籽油烧热，下入干辣椒段、花椒、火锅底料、郫县豆瓣酱、老干妈豆豉炒出香味，倒入鲜汤，烧沸后加青花椒和辣椒粉。接着放入青笋条、藕条、海白菜、黄豆芽、牛毛肚、黄喉片、鸭肠段、鳝鱼片和猪瘦肉片，加盐、鸡精和味精调味，起锅倒入小锅仔内，撒入小葱段即可上桌。可搭配酒精炉边煮边吃，吃完还可以涮烫其他食材。

📍 麻得跳

此菜重用花椒调味，突出香麻风味。

做法：先把牛蛙去皮治净，剁成小块，放入碗中，加盐和料酒码味。把杏鲍菇切成小块。净锅放菜籽油烧热，下入牛蛙块滑油后捞出，再下入杏鲍菇油炸至熟，倒出沥油。锅里留少许底油，下入干青花椒、干红花椒和鲜花椒炒出香味，再加入泡姜米、红尖椒段、青尖椒段、牛蛙块和杏鲍菇块翻炒，加盐、料酒、味精、鸡精调味，最后撒上小葱段，淋入香油炒匀即可。

在我的记忆中，重庆江湖菜多是大麻大辣的口味，做法也比较粗犷，然而在"饭江湖"的这一餐，我发现有的菜品却变得略显精致了。后来店主人讲的一番话，让我对重庆江湖菜又有了新的认识。她告诉我，眼下的重庆江湖菜，其实已经有了质的提升，已不完全是过去的土、粗、杂风貌了，而不少江湖菜馆，现在也有了自己的主题，像"饭江湖"走的就是"文艺路线"，不仅重视食客与传统饮食文化的交流，还注重对餐厅文化氛围的营造。

发现彭水乡土食材

一直都想去重庆武隆市、彭水县、黔江县、酉阳县一带看看，不仅因为这些地方处于重庆与贵州、湖南、湖北的交界处，还因为这些地方是土家族和苗族同胞的聚居地，我在心里盘算，一定能打探到不少让人心动的美食。

后来我终于如愿以偿了。我们的采访车在著名的榨菜之乡——涪陵短暂停留后，便沿着百里乌江画廊向大山深处进发。在武隆市，我们品尝了这里的美食——乌江鱼和碗碗羊肉，在黔江县，我们领略了地道的黔江鸡杂、青菜牛肉等。而在彭水县和酉阳县，我们则把重心放在了搜寻乡土食材上面。

不知哪位美食家说过这样的话：要想了解某个地方人们的饮食习惯，最好要去菜市场观察一下。一大早，我们的采访小组便扎进了彭水县最大的菜市场，准备一探究竟。

黔江鸡杂

青菜牛肉

① 三香
② 鲊辣椒
③ 鲊肉
④ 鲊芋头丝
⑤ 鲊豌豆

彭水县城与乌江相傍，依山而建，我们去的菜市场就在江边的缓坡上。当我们的镜头对着一堆野葱拍照时，卖葱的大娘喜笑颜开地对我们嚷开了："拍啥子嘛，这葱也要照相嗦。"

当这位大娘听说我们是来了解彭水特色乡土原料的，她指着对面摊上的一种长条形东西，说那叫"三香"，绝对是彭水有代表性的美味。我们的镜头立即来了个180度转弯，直奔"三香"了。卖"三香"的摊主是位年轻妇女，看我们对"三香"这么感兴趣，不管我们买与不买，就用小刀切下一大坨让我们尝尝味道，没想到这里的人这么实在。我接过"三香"观看，色金黄油亮，其中可见碎肉，细细一闻，香气特别浓郁。轻咬一口，还是温热的，真的好香。

这"三香"是一种半成品食材，据摊主介绍，它是以半肥瘦猪肉、鸡蛋和红薯淀粉三种主要原料制成的——先将肥瘦猪肉切碎后，加入红薯淀粉、鸡蛋和适量盐、花椒、大葱、生姜等调料，拌匀并捏成条状，上笼蒸熟即可出售。在当地每逢过节或办乡宴请客时都会用"三香"切片后做菜上桌。

在与"三香"摊主的交谈中，我们发现她小摊上的原料还真不少，比如各种鲊菜就值得一说。鲊菜在川黔一带民间都有制作，比如常见的鲊辣椒，是把新鲜红辣椒（也可用青辣椒）剁碎，用盐、鲊

① 卖煳辣椒的小摊贩　　⑤ 野葱
② 煳辣椒　　　　　　　⑥ 浆水酸菜
③ 土法魔芋　　　　　　⑦ 土鸡蛋
④ 豆腐干　　　　　　　⑧ 野山药

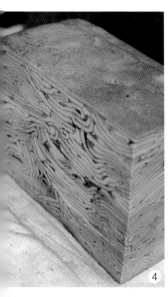

粉拌匀，装入坛内，塞稻草或竹叶密封后倒扣在盛水的钵中，自然发酵一段时间至微酸时即成。这里的鲊菜品种相当多，除了鲊辣椒外，还有鲊肉、鲊芋头丝、鲊豌豆……当我们问到这些鲊菜怎样食用时，摊主的回答是可蒸食或蒸熟后炒、煎、炸食。如今大都市的一些酒楼不正想挖掘乡土菜吗，好好开发这些风味独特的鲊菜，说不定也能做出不少亮点来。

在彭水菜市场上还有一道独特的风景线，那就是卖煳辣椒的小摊贩特别多。摊主大多是年轻妇女，斜坐在一长板凳上，面前放着一小石臼，将炒至煳香的辣椒倒进石臼里，一手扶着石臼，一手拿着一长条形的鹅卵石不停地舂制。这种煳辣椒制法古朴且现制现卖，让人感觉很放心。我凑上前去细看，摊主指着摊上的两盆煳辣椒末说，一盆是干炒的煳辣椒，另外一盆是油炒的煳辣椒。当我好奇地问两者的使用有什么不同时，那位摊主说当地人一般把干炒的用于制作煳辣椒蘸水，油炒的则多用于拌面等。

当然，在市场上看到的乡土食材还有很多，比如土法做成的魔芋，颜色黑黑的，与城市里市场上卖的魔芋相比，感觉要扎实得多。还有一种复制豆腐干，切面呈大理石纹样，煞是好看。另外诸如野山药、大脚菇、浆水酸菜、腊肉腊排、烟熏豆腐干、干萝卜皮、新鲜的萝卜苗、阴米、小米豆……这里就不一一介绍了。

铜仁

嗨！玉屏牛杂火锅！

　　地处贵州省东北部、武陵山区腹地的铜仁市，东邻湖南省怀化市，北与重庆市接壤，是连接中南地区与西南边陲的纽带，享有"黔东门户"之称。有资料记述了铜仁得名的由来：从当地佛教名山梵净山流出两条江，两江穿山越谷，在铜仁城中与锦江汇合。就在三江汇流的地方，一块巨大岩石突出江心，岩石上供奉"儒、释、道"的鼻祖——孔子、释迦牟尼、老子的三尊铜像，因此此地得名"铜人"，后改名为"铜仁"。

　　铜仁市聚居着土家、汉、苗、侗、仡佬等二十多个民族。或许因为各民族有各民族的饮食习惯与爱好，所以当地的美食称得上是异彩纷呈，各区各县都有各自代表性的名食。此外，这里与重庆、湖南相邻，因此当地菜又多少融入了重庆风味与湘西风味的一些特点。

　　我们把寻味铜仁的第一站选在玉屏侗族自治县是有原因的，因为要在短短七八天的时间内把铜仁的八县二区寻访下来，得规划出一条最节省路程和时间的路线。在与当地餐饮界朋友多次商讨后，最终确定经玉屏县、万山区、松桃县，再到碧江区、江口县、石阡县，然后经思南县、德江县、沿河县，最后在印江县结束行程。

　　据朋友推荐，玉屏县的牛杂火锅是当地最有名的美食，不仅扬名周边县市，就连湖南怀化一带的美食爱好者都常驱车来品尝。于是，当我们到达玉屏县城时，就四处找寻牛杂火锅店。

其实，在县城开有不少牛杂火锅店，要在这众多的店里找出一家比较满意的，那可得凭经验了。首先，我们放弃了那些"高大上"的店，因为这些店的菜品常在形式上做文章。其次，我们也放弃了那些看起来没有人气的小店。在县城驱车逛了两圈下来，最终选定了这家叫"王家牛杂火锅"的店。

经营这家店的是母女俩，当女儿王燕从保鲜冰箱里取出满满几筐牛杂时，我们坚信了选择这家店的正确性：煮熟的牛肚、牛板筋、牛黄喉、牛耳、牛筋、牛头皮肉等牛杂，被切成了片装在小筐内，看上去

干干净净、清清爽爽。从牛杂的数量与新鲜程度，就可判断出这家店生意不错，因为只有生意好的店才会如此备料。

让人不可思议的是，这里的牛杂火锅不按锅卖，也不按斤卖，而是用碗做量器——35元一碗。我们一行12人，王燕估计6碗足够我们食用。在王燕用碗给我们称量牛杂时，她母亲已经端好锅站在灶台前准备烹制了。

王燕的母亲先是在锅里放菜籽油，烧热后下入拍破的姜块、大蒜，再放入牛杂、野山椒段和泡小米椒段一起煸炒，炒到稍

干后，再撒入干辣椒段，放入少许的盐、白酒一同炒出香味，盛出装盆。

　　紧接着，她又在锅里放了适量菜籽油，下入糍粑辣椒、火锅底料、豆瓣酱和五香粉炒香，然后倒入炒好的牛杂，加味精、花椒粉炒匀，再撒入芹菜段和蒜苗段。

　　牛杂临起锅前，还得准备不锈钢小火锅，在锅底垫上黄豆芽，再将炒好的牛杂盛在上边，最后撒上整根的香菜，这道"牛杂火锅"就算做成了。

　　奇怪！这也能叫火锅吗？在我们看来应该称之为干锅才对。当"牛杂火锅"端上桌后，王燕打开了桌上的电磁炉，把火锅放在上面。随着锅底渐渐升温，锅里热气氤氲，一股牛杂特有的香气融合着麻辣香味从锅里飘逸而出。

　　大家拿起筷子揲食起来，一尝之后觉得麻与辣并不像川渝地区的干锅那么刺激，但鲜与香倒显得十分醇厚，尤其是牛杂，带着一点点嚼劲，吃起来回味

悠长。大家或就着啤酒，或就着店家自酿的杨梅酒，或就着白米饭，津津有味地品尝起来。待锅里的牛杂吃得差不多了，王燕又端出了两盘新鲜的萝卜秧，示意放在火锅里与牛杂一同加热。以前我们只知道萝卜与牛肉是绝配，没想到这萝卜秧与牛杂也能相配，一起炒食倒也清香味美，让品尝了大量肉食后的味蕾，瞬间变得清爽起来。

玉屏的牛杂火锅起源于何时？又是什么时候开始扬名一方的呢？我们就这两个问题咨询了王燕母女，她们也说不出个所以然来。最后王燕的母亲告诉我们，牛杂火锅在当地流行至少有二十年了，而她开店也已有十多年。

后来，我们了解到，玉屏县朱家场的牛市过去在贵州省极有名气，是全省三大耕牛市场之一，至今已有五百多年的交易历史。玉屏牛杂火锅的兴起与流行可能与古时当地的牛市有关，当然这只是我们的猜测而已。

见识万山羊脚火锅

提到火锅，川渝地区的人或许首先想到的就是麻辣火锅，北方地区的人或许首先想到的就是涮羊肉……而在贵州，好像只要是用锅装，上桌可点火加热的菜，都可称其为火锅，因此贵州火锅的品种多、吃法怪、口味丰富也就不足为奇了，像极具代表性的就有腊猪蹄火锅、酸汤鱼火锅、豆米火锅、青椒童子鸡火锅、肉饼鸡火锅等。而这次铜仁寻味，我们刚在玉屏县品尝了牛杂火锅，很快又在万山区尝到了羊脚火锅。

羊脚火锅是万山名食，说到它的起源与流行，时间并不算长。那天我们在万山一家叫"山脚岩徐记羊脚火锅"的店里，与该店的徐老板攀谈时，了解到了一些情况。

徐老板三十来岁，已经开羊脚火锅店多年。他告诉我们，二十年前万山还没有羊脚火锅，十多年前，他的丈母娘引进了重庆麻辣烫的做法，并在当地开起了小店，后来他们用麻辣烫的红汤来烹制羊脚，并以火锅的形式上桌，没想到效果出奇地好，引得客人争相品尝，于是名声渐渐传开。再后来他们也从麻辣烫店成功升级为羊脚火锅店，而跟风开店的人也越来越多，最终在万山形成了一股吃羊脚火锅的风气。

当天在徐老板的店里，我们观摩了羊脚火锅的做法。先是提前把羊脚刮洗干净，入沸水锅中加姜、葱、料酒氽透，捞出用冷水冲漂至白净。羊蹄处可对剖开、羊脚棒处则保持整根状。接着取高压锅，放入羊脚，倒入事先调好的麻辣味卤汤，然后盖上锅盖，上火压至羊脚软熟，离火待用。

待有客人点食时，依据所点重量捞出羊脚称重计费，然后放在火锅盆里，舀入压羊脚的卤汤，撒上葱段、香菜段和红辣椒段即可上桌。上桌后用电磁炉加热烧开，即可边煮边食。

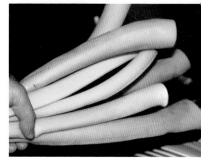

芋荷梗

火锅里的羊脚，吃起来软糯可口、鲜香带辣。在吃完羊脚后，还可下入豆腐块、白菜块，以及斜切成厚片的芋荷梗（一种可食芋科植物的叶茎）煮食。值得一提的是芋荷梗，这种带有孔隙的素菜，经煮熟后饱含汤汁，特别鲜美。不过，徐老板提醒道，这芋荷梗一定要煮熟煮透，不然吃后会有"锁喉"的危险。

什么叫"锁喉"？听起来怪吓人的。其实是生的芋荷梗刺激喉咙的反应，因此带着些许的敬畏与恐惧去享受美味，本就是在冒险中寻一份乐趣。

江湖野气糟辣鱼

铜仁

不知哪位美食家曾说过，有江湖的地方就有鱼，有鱼的地方往往就有江湖菜。这次我们在山清水秀的碧江区，就见识了一道江湖鱼肴——豆腐糟辣大鲤鱼。

这道菜是在锦江鱼舫吃到的，那天我们驱车前往九龙洞风景区附近，就是去这家以鱼肴为特色的餐馆寻味。鱼舫停靠在河面宽阔、流水清澈的锦江之上，周围群山环抱，空气清新异常。据该店的厨师介绍，他们店里的特色菜就是用大鲤鱼烹制的糟辣鱼，另外还配有一些山野时蔬。

糟辣椒是贵州极具地方特色的调味料，它在当地饮食江湖中的地位，类似于剁椒之于湖南人、豆瓣之于四川人。上等的糟辣椒具有两大特点：一是吃起来咸味适中（以空口吃不咸为度），二是质地脆。要做到以上两点看似简单，实则不易，技术往往是掌握在那些多年做糟辣椒的民间巧妇手中。

用糟辣椒烹鱼，在贵州各地都有。不过锦江鱼舫的厨师说只有烹大鲤鱼才最好吃。当时，我一听就想象这鲤鱼到底有多大。不一会儿，厨师从保鲜冰箱取出了一小段鱼尾和半边鱼头，说足够我们六七人食用了。我一细看，这一小段鱼尾竟比菜刀还宽还长，估摸整条鲤鱼足足有二十斤重。

当天，除了糟辣鱼外，厨师还给我们做了辣椒面炒冲菜、炒阳藿等几道素菜，都山野味十足。

豆腐糟辣大鲤鱼

做法：把大鲤鱼头尾剁成约 4 厘米见方的块（见图 1），放入盆中加适量盐和料酒，拌匀腌味。（见图 2）净锅置旺火上，放入菜籽油烧至七成热，逐一下入鱼块炸至定型且色泽金黄时，倒出沥油。锅留底油，下姜末炝锅后烹入米酒，接着放入糟辣椒、糍粑辣椒和大蒜煸香出色，注入适量的清水，烧开后下入炸好的鱼块。（见图 3）接着加入豆腐块、青椒块，调入盐、白糖、味精、鸡精、花椒粉和胡椒粉烧至入味，撒入芹菜段（见图 4）。另取净锅倒入清水并放适量盐烧开，下入芋荷梗段焯至断生，捞出放在火锅盆里垫底，最后将烧好的糟辣鲤鱼盛在上边，撒香葱花、香菜段后端上桌，边加热边食用。

📍 辣椒面炒冲菜

做法：把青菜薹洗净，入沸水锅中焯水，捞出放入容器中密封12小时以上，取出切成碎末，即成冲菜。炒锅上火放少许油烧热，下入辣椒面、姜末和蒜末炒香，再倒入冲菜，加盐、味精快速翻炒均匀，撒入葱花，起锅装盘即成。

📍 炒阳藿

阳藿是一种野生植物的嫩芽。

做法：将阳藿切成粗丝，青红辣椒、西红柿分别切成颗粒状。炒锅上火放少许油烧热，下入阳藿丝煸炒至半熟，加少许盐略炒一下，起锅待用。锅里放少许油烧热，下入姜片、蒜片炒香，再下入青红辣椒粒、西红柿粒和少许盐，煸炒至断生，倒入先前炒过的阳藿丝，加胡椒粉翻炒均匀并淋入香油，起锅装盘即成。

德江牛肉汤与熬熬茶

德江县有"天麻之乡"的美誉，听说当地土家族同胞用新鲜天麻制作的天麻酒颇具特色。不过，这次我们在德江县寻味，没有品尝到天麻菜，也没有领略到天麻酒，吃到的却是另外两样美食，一个是牛肉汤，另外一个是土家熬熬茶。

先来说牛肉汤。我们驱车行驶在从思南到德江县的高速公路上，在德江县煎茶镇下了高速，在前往县城的公路旁，看见一家打着"赵氏牛肉"招牌的店。当时是中午 11 点，店里的生意谈不上火爆，却陆续有不少开车路过的人前来就餐。从店门口煮牛肉汤的大锅里所煮牛肉的数量来看，这家店的生意应该不差。后来，我们从店里张贴的一些海报介绍得知，该店在当地算是老字号了，早已名声在外。由于午餐时间尚早，我们又急于赶往县城，于是一行人仅买了一碗牛肉汤和一碗牛杂汤来尝味道，感觉汤的本味非常突出。

待我们到了县城，向县商务局的同志了解当地美食时，他们推荐了德江县楠杆乡土家熬熬茶，其制作手艺被列入了非物质文化遗产。于是在两位热心同志驱车带领下，我们又立马赶往楠杆乡。蜿蜒的山村公路，两边绿意盎然，即便路面时上时下、弯多路急，我们一车人依然是欢声笑语，兴致颇高。可是，当开了一个多小时的车，时间过了下午 1 点，每个人都饥肠辘辘时，我们才关心起这楠杆乡到底还有多远。一问才知道，从县城到楠杆乡有 40 多公里路程且全是山路，我们才开了一半，大家一听顿时都傻了眼。经过一路的奔波，终于在下午两点到达了楠杆乡，一下车我们就直奔街上找吃的，没想到再次与牛肉汤相遇了。

这家叫"老五牛肉粉馆"的店，开在楠杆中学校门对面的街上，店门前同样摆着一口大锅，里面炖煮着的正是牛肉汤，

汤色金黄，凑近一闻，鲜香异常。牛肉汤10元一碗，我们每人点了一碗。店家先是在碗底加了红油辣椒、盐等调料，然后将锅里的牛肉、牛杂及汤舀进碗里，最后撒上葱花和香菜段。也许是饥饿至极，我们揲起碗里的牛肉、牛杂大口吃了起来。哇！好香！有人曾说饥饿时的饭菜最好吃，看来这个说法一点不假。

那位女店主听说我们是从外地来楠杆乡采风的，且见我们碗里的牛肉吃得差不多了，又用长勺给我们碗里加了些肉。当时我想：有这样热情、诚恳的老板，生意做不好都难。

楠杆乡地处大山深处，不知是否是因为这里有目前世界上最大的一株金丝楠树而得名。待我们吃完了牛肉汤，乡政府的何书记便安排我们先去看"楠木王"，让人吃惊的是这棵楠树竟要九人合抱才能围上，听说树龄已有五千余年。接着我们便到小寨村去体验熬熬茶了。

小寨村是一个土家族聚居的村庄，何书记安排的是当地制作熬熬茶的能手余婆婆，她将为我们现场"表演"。与不少的农村家庭一样，余婆婆家的儿女孙辈都迁居城市了，平时家里只剩下她和老伴，两人虽然都六七十岁了，但身板还算硬朗，把整个农舍拾掇得井井有条。当时何书记告诉我们：熬熬茶中的"熬熬"两字，发音为"啊啊"（编者注："啊啊"读二声，当地方言，是把物体压碎的意思），因没有对应的汉字，再加之煮茶时要熬制，便用了"熬熬"两字代替。熬熬茶是楠杆乡土家族独有的美食，一般只有在逢年过节或是招待贵客时才会制作，其实这熬熬茶也属油茶的一种，但与一些地方的油茶又有很大的不同。

正说话间，余婆婆和她的老伴已经把柴灶上的大铁锅烧热了，接着往里边倒入菜籽油，待油烧热后，把一种自制的画有彩色花纹的圆形锅巴放进去炸，锅巴遇到热油很快就膨大起来。余婆婆一边炸一边

给我们讲，这叫米花，是吃熬熬茶必不可少的原料。

接下来，便是熬茶了。她把大铁锅洗净，先把200克猪油放在锅里化开，接着将500克黄豆、150克花生仁和100克核桃仁放进锅里炒至变黄，然后放入50克芝麻和少许花椒炒几下，再迅速倒入1.5升清水。待水烧开，将黄豆煮至用木瓢能压碎时，改用小火熬，边熬边用木瓢把锅里的原料压碎成糊状，起锅即成茶料，待用。

吃熬熬茶真是件不容易的事。余婆婆和老伴又是煮鸡蛋、炸糍粑，又是剁猪油渣，另外还准备了炒瓜子、炒花生、橘子、核桃等吃食。我们看得眼花缭乱，都在猜想这熬熬茶到底是个咋样的吃法呢。而此时我们好像也帮不上余婆婆什么忙，唯一可干的就是围着柴火灶台边看边帮余婆婆添柴火。接下来，余婆婆将土鸡蛋磕入碗里，然后加入花椒粉、盐等搅匀，再倒入加有少量油的锅里炒成蛋块起锅。

只见余婆婆再次把铁锅洗净，倒入了一大锅清水，烧开后便把先前炒好的茶料倒入锅里，接着加入剁好的猪油渣碎，加盐、花椒粉调好味，稍煮便提醒我们抽掉柴火。余婆婆把先前炒好的鸡蛋分别放在小碗里，然后逐一舀入煮好的茶水，一股别样的香

味在厨房里弥漫开来。我们一起帮忙，用掌盘把碗端上了桌。

只见堂屋的两张八仙桌上，早已摆好了炸米花、炒瓜子、炒花生、橘子、核桃、糍粑、芝麻饼、煮鸡蛋等食物，品种丰富，琳琅满目。大家围桌而坐，余婆婆教我们先把炸好的米花放在茶汤碗里稍泡，然后就可以吃了。我们依法食用，端起茶碗一闻，一股香气扑鼻，再喝一口，香鲜中还夹杂着花椒特有的麻香和各种原料融合后产生的醇厚味儿，让人有些欲罢不能。待喝了几口茶汤后，再品尝这茶汤里软软的鸡蛋，配上酥酥的米花，熬熬茶的口感变得更加奇妙。

食用熬熬茶时尤其觉得其中的花椒加得巧妙，不仅炒茶料时加了，炒鸡蛋时也加了，最后煮茶汤时又加了。同一种调料，在三个不同环节加入，最后融合出的那股麻香，可以说不多不少，不浓不淡，味道称得上恰到好处……

铜仁

在仡佬族文化村探味

仡佬族文化村，坐落在坪山乡美丽的佛顶山脚下，是一个依山傍水、竹林掩映的秀丽村庄，原始生态植被保存完好。这个村现居住着不到一百户仡佬族人家，是一个仡佬族聚居的自然村，有"仡佬第一村"之称。居住在此的仡佬族同胞热情好客又能歌善舞，民居建筑独特典雅，能真切地感受到一种古朴浓郁的民族气息。村子四周满是蓊郁碧翠的原始森林，山青水绿，幽静雅致。包溪河从村旁流淌，溪水清凉。我们一下子就被这里的秀丽风景所吸引。

仡佬神仙豆腐

神仙豆腐又称斑鸠叶豆腐、神仙凉粉，是用马鞭草科植物斑鸠叶的汁液做成的。此菜鲜美细嫩，清凉爽口。虽然铜仁乃至全国很多地方的山民都在制作这一美味，然而仡佬族人在调味上却有些不同。

做法：采摘新鲜斑鸠叶用清水洗净，放入盆中加泉水反复用手搓揉出汁，然后用纱布将渣滤掉。接着倒入适量澄清的桐壳灰水（或草木灰水）搅拌均匀，静置半小时，树叶汁水便凝固成了绿色果冻状，即俗称的神仙豆腐。食用时，把神仙豆腐切成小块装入汤碗，浇入用山泉水、姜末、蒜末、葱花、香菜、小米椒碎、煳辣椒、盐和木姜子油调制的味汁，稍泡入味即可上桌，连汤汁一起食用。

仡佬神仙豆腐

🔖 炒藿麻叶

藿麻是一种野生植物，人的皮肤一旦接触到它会变得又刺又痒，然而将其嫩叶炒后食用，据古书记载有治疥疮、防风湿等效果。炒藿麻叶是仡佬族文化村常见的一道山野菜。

做法：先把藿麻嫩叶放入盆内，加清水、盐浸泡片刻，淘洗干净捞出。另把西红柿切成小丁。炒锅上火，放适量的油烧热，下入蒜末炒香，再下入藿麻叶旺火炒至八分熟，最后放入西红柿丁，并加盐快速翻炒均匀，起锅装盘即成。

🔖 凉拌"萝卜叶"

这里所说的"萝卜叶"是当地山里的一种野菜。

做法：将其洗净后，放入加有盐和油的沸水锅焯水，捞出沥干水。把放凉的"萝卜叶"放入盆中，加入姜末、蒜末、盐、红椒丝、大葱丝、白醋、香油等拌匀，装盘即成。

🔖 黄水粑

黄水粑是仡佬族的一道风味小吃，那天我们还目睹了店主包制黄水粑的全过程：把豆浆、糯米饭、糯米面和蜂蜜等拌匀成团，再下剂并用箭竹叶包制，最后码放在木甑里并盖上水泡过的干稻草蒸制即成。为何要盖稻草蒸？店主是这样回答的：一是干稻草带有特殊香气，能给黄水粑添香；二是稻草放在上边，蒸制时能产生"回水"，更便于将黄水粑蒸熟；三是稻草中含有的某些物质，能让黄水粑蒸制后变得黄亮油润。

做法：把糯米饭、糯米面、蜂蜜和适量豆浆拌匀制成团，然后下剂，搓成蚕茧状条待用。取箭竹叶，把黄水粑剂子逐一包成枕头状，并用稻草捆好，依法包完。在大铁锅里倒水，放上木甑，然后摆入黄水粑，在最上面放上用清水浸泡过的干稻草，盖上甑盖，中火蒸3～4小时。待黄水粑蒸熟，拨开稻草，取出后剥去箭竹叶，趁热食用。

①炒蕺麻叶
②凉拌"萝卜叶"
③黄水粑
④蒸制黄水粑

凯里

鹅，鹅，鹅……

很多四川人是不太喜欢吃鹅肉的，他们觉得鹅肉肉质较粗，且与鸡鸭相比鲜香不足，更重要的是，民间认为鹅肉是"发物"（指吃了容易诱发疾病的食物），因此一些人特别是中老年人对它往往是敬而远之。不过，与四川相邻的贵州，那里的人对鹅肉却是偏爱有加。

二十多年前，我第一次来到贵阳，那时满街流行清汤鹅火锅——把鹅肉斩成块，再与姜、葱和少许的常见香料同炖后，装在火锅盆里上桌食用，吃完鹅肉后还可以涮食各种蔬菜。当时这种形式的"鹅肉火锅"在贵阳火爆起来以后，还演变出了竹笋鹅、酸汤鹅等多个品种。

前几年，我有幸再次来到贵州，这次去的是黔东南的凯里市。在那里得到了当地朋友的热情招待，他们带我品尝当地美食，没想到短短两天的时间里，竟与鹅肉美味邂逅了两次。

刚到凯里的那天晚上，朋友说要带我去吃火锅，其实在贵州所称的火锅，与四川的不一样，当地人往往把汤锅、干锅等都统称为"火锅"，我猜想是因为这些菜上桌时，大都会装在小锅里用火边加热边食用吧。那天我们

米汤鹅火锅

去的是一家主推当地特色小火锅的知名餐馆，里面售卖的火锅品种不少，像牛背筋火锅、豆花牛蹄锅、带皮牛肉锅……这些品种都让我这个外地人觉得稀奇。也许是因为第一次到贵州时清汤鹅火锅给我留下了较好的印象，我最想品尝的，是那道叫米汤鹅的火锅。待点了此菜后，我一直在想，用米汤来炖鹅到底会是什么味道呢？

很快，米汤鹅和我们点的几道当地小菜上了桌。一看火锅盆内，汤色油亮，汤面还飘着几粒大枣和枸杞，待舀起汤内大块的鹅肉时，我发现里边夹杂着些许饭粒。朋友告诉我，这米汤鹅是把鹅肉块与大米同炖而成的。我先舀起一碗鹅汤品了起来，汤的鲜香中有一股米的清香，而后再揀起鹅肉，蘸了店家提供的煳辣椒蘸水吃了起来，口味极其鲜香。边吃边聊，我从朋友口中得知，在黔东南民间，人们还喜欢吃鸡煮稀饭这道美食，它是把农家土鸡与大米同入锅里煮制，最后调以少许的盐并撒上葱花食用。我忽然想到，这桌上让我眼前一亮的米汤鹅火锅，说不定与民间流传已久的鸡煮稀饭有一定的渊源。

贵州人早餐时比较喜欢吃米粉，饮食店一般有牛肉粉、带皮羊肉粉等供应。在凯里的第二天早上，当地朋友带我去吃的却是鹅肉粉。说来，这鹅肉粉与牛肉粉、羊肉粉在形式上并没有太大的区别，无非是变换料头而已，不过我还是发现了它的可圈可点之处。

我们去的这家鹅肉粉店，具体的街道名我已记不起来了，不过招牌上打着的"凯里第一家正宗熊记大鹅肉粉"字样，倒是让我印象深刻，想来敢打"第一家"，味道肯定有过人之处。只见店里一位老太太正在忙碌着，我们点了大碗的鹅肉粉后，她把米粉抓进了冒粉的篓子里，放在开水锅里烫透后，提出来沥干水倒在大土碗内，然后揪上几片提前煮熟且切成大片状的鹅肉。接着，她揭开灶上的另一口锅，我看见里面是滚烫的且漂着一层细密油珠的金黄鹅肉汤，她舀起鹅肉汤浇在了米粉碗内，

最后撒上葱花就端上桌。我虽未尝似乎已先知其味，因为这碗鹅肉粉的精髓全在那一瓢汤里了——有鲜美的鹅汤浸润，米粉的口味会差吗？

贵州人吃米粉时的调料也很讲究，一般都会辅以煳辣椒末来调味，但与这鹅肉粉相搭配的，却是擂椒——是把用柴火烧熟的青尖椒和红尖椒切成小块后，放擂钵里加姜、蒜擂制而成。鹅肉粉端上桌时，店家均配有一小碗擂椒，在我吃了几口原汁原味的鹅肉粉后，才把擂椒倒在了粉里拌匀。一尝，那口味还真的变得有些奇妙。

鹅肉粉

小菜里有大文章

凯里

纵观时下的大众餐饮，其经营业态多种多样：有主打乡土家常菜牌的，有走前沿时尚菜路线的，有以社区居民消费为目标客户的，也有以商场餐饮为模式定位的……但不管怎样，目前要成功经营大众餐饮，有一点是大家所公认的，那就是不仅要有一个好的经营模式，还得在菜品上狠下功夫，做出自己的特色来。

贵州凯里一家叫"原生态小火锅"的特色餐馆，其经营面积从开业时的两三百平方米，后来扩展到七八百平方米，生意依然红火，在贵州饮食界小有名气。一家餐馆成功的原因，或许有天时、地利、人和等诸多方面的因素，不过在我看来，细节往往决定着成败，这家餐馆完全靠特色餐取胜，厨师在一些看似不起眼的小菜上的创意和专注，尤其值得一说。

首先，以"原生态"为卖点，在菜品上挖掘本土民间风味，而在装修上营造的也是一种乡风土味——比如就餐的桌椅，都是用整块的木板、树根、树桩等加工而成的。

其次，该店以贵州特色小火锅为卖点，辅以一些风味菜品的经营模式，让自己的特色更加鲜明，且让厨房工作在运作上变得相对简单而高效。因为这些特色小火锅可以提前批量加工制作，成菜不仅口味稳定，而且还大大减轻了开餐时厨师的压力。

♀ 凉拌香菜根

用一些辛香味浓的菜根（如野韭菜根、香菜根、芹菜根、大蒜根等）入肴，野趣十足。而这道菜，正是把香菜根、折耳根、芹菜根、野葱与糟辣椒拌制而成。

做法：把香菜根、芹菜根和野葱放入擂钵，擂至香菜根、芹菜根表面起茸毛状，捞出放入盆内。放入姜末、蒜末、糟辣椒和盐拌匀，装碗后点缀折耳根段即成。

辣蓼面辣子汤

辣蓼是一种带有特殊香气的野菜，在四川、贵州等地均有出产。在四川泸州民间，人们喜欢在烧好的豆腐上边撒些新鲜的辣蓼末以增香，而在贵州，当地人会将其用来煮汤，或是煮鱼时加些进去以除异味、增香。

做法：净锅内倒入适量清水烧开，下入青菜段、辣蓼、野葱段、折耳根段和黄豆芽，然后加入少许的盐和色拉油，待煮至青菜熟后，把面辣子用适量的清水调散，淋入锅里煮至汁稠，起锅装碗即成。

面辣子是一种发酵食品，又名鲊辣椒，不过它与一般的鲊辣椒还有些不同，它是用玉米面与辣椒末混合制成的，且当中的辣椒较少，玉米面较多。

📍 苗王鱼

这是贵州凯里地区的一道苗家菜。在煮鱼时，用到了辣蓼、青椒和酸汤等提味，在拌料时，则加入了烧椒、折耳根、木姜子、西红柿、野葱、煳辣椒、香菜等多种乡土调料，成菜极具民族特色。

做法：把鲤鱼宰杀治净，在鱼背骨两侧各拉一刀待用。在背部拉刀的目的，是为了让鱼肉容易煮熟且入味。净锅内倒入米酸汤，下入辣蓼、青椒块、西红柿块、姜片和葱段烧开，然后把鲤鱼入锅，煮熟后捞出装盘。在米酸汤里加入辣蓼及青椒块等，主要是增加其酸香风味并起到除异味、增香的作用。把烧椒切成圈，放在擂钵里加入木姜子擂成蓉，放入盆中。在烧椒里加入木姜子，可以起到增加特殊香味的作用。在盛放烧椒的盆里加入折耳根段、野葱段和煳辣椒末，再加适量姜末、蒜末、盐、酱油和煮鱼的原汤拌匀，浇在鱼身上，最后舀上西红柿酱，并点缀香菜即可上桌。这里用到的西红柿酱，是把野生西红柿经过入坛密封腌制后，取出来捣碎而成的。

糊辣老南瓜

老南瓜入肴，多用来蒸制或炖制成菜，口味也以香甜味为主，这里却把它带皮切成厚片，用来与豆豉炒制成咸鲜味菜。

做法：把老南瓜切成厚片，先入沸水锅里煮至七八分熟，倒出沥水后，再放入三四成热油锅浸炸至熟，倒出沥油。锅留底油，先放入姜片、蒜片、干豆豉炒香，然后下入南瓜片，加盐调味炒匀，再撒入蒜苗段炒香，起锅装入土碗内。锅洗净，重新放少许油烧热，下入干辣椒段炝香，最后起锅连油一起泼在装有南瓜片的碗内即成。

📍 原生态豆渣

豆渣入肴，在近些年并不多见，原因是豆渣口感较粗糙，要把它做得可口，并不是件容易的事。不过，这里的厨师却另有妙招，将豆渣与鸡蛋同炒，吃起来细嫩可口。

做法：把豆渣拌上一点盐，入笼蒸透取出；鸡蛋放碗里搅散，入油锅炒成蛋块，盛出待用。锅放油，先下蒜片、青椒粒、红椒粒和西红柿粒炒香，再放豆渣炒匀，加入盐调味后，下鸡蛋、葱花炒匀。把炒好的豆渣装盘，用竹筷拨成蓬松状，即可上桌。

📍 豆花酥肉

豆花与酥肉，看似两种不搭边的原料，把它们烹在一起，会是怎样的口味呢？这道略带创意的小菜，在该店卖得很好。

做法：把酥肉切成片。豆花与生菜叶均放入加有盐的沸水锅里焯透，捞出放在窝盘里垫底。净锅放油，下蒜末炒香，再倒入适量的鲜汤，下入酥肉片并加盐、红油调味，待稍煮入味，略勾薄芡，起锅装在窝盘里。最后在菜肴上撒酥花生米、小米椒粒和葱花，即可上桌。

贵阳是贵州的省会，说到这里的名食，像枕头粽、青岩古镇卤猪蹄、豆腐丸子、花溪牛肉粉、恋爱豆腐果、豆米火锅、豆花饭、肠旺面、丝娃娃等都极具地域代表性，其中最值得一说的要数肠旺面。

在贵州众多的小吃中，肠旺面可以说是技压群芳，它从主料、配料到调料都各具特色。它有山西刀削面的刀法、兰州拉面的筋道、四川担担面的滋润、武汉热干面的醇香，以色、香、味"三绝"而著称。

据说，肠旺面始于晚清，在一百多年前，贵阳北门桥一带肉案林立，桥头有傅、颜两家面馆，他们用肉案上的猪肥肠和猪血旺做成肠旺面，以招徕顾客。两家面馆互相竞争，使肠旺面的质量不断提高，最后在贵阳卖出了名气。

①枕头粽　　　④豆腐丸子

②青岩古镇卤猪蹄　⑤丝娃娃

③豆花饭　　　⑥肠旺面

肠旺面之所以独具一格，不仅因为它有滋味悠长的肥肠和血旺，还因为它有和肥肠、血旺一样重要的脆臊。说直白点，它就是用肥肠和血旺分别制成肠臊和旺臊，然后用猪五花肉制成脆臊，再用肠油、脆臊油加辣椒油制成红油，由此形成了肠旺面"三臊"加红油的基本特色。

肠旺面的特色还在于它的面条制作工艺。所用的面条为手工鸡蛋面条，制作时用上等面粉 500 克，加入四个鸡蛋、少许食用碱及适量清水，经反复揉搓制成水调面团。然后将面团放在特制的案板上，经反复折叠挤压制成薄如绸缎的面皮，再用豆粉作扑粉撒在面皮上，将面皮折叠起来切成细丝状。整个操作过程有"三翻四搭九道切"之说。

煮制方法也十分讲究。正宗的肠旺面是一碗一煮，从不一次煮一大锅。每碗肠旺面用面约 80 克，抖散后下入烧至微沸的开水锅中，煮至锅中水翻滚时，用竹筷将面条捞起看其是否伸直，若伸直了就用漏勺捞出，然后往漏勺中冲入一碗冷水，再迅速将面条放入汤锅里烫热，让面条"收筋"后装入用豆芽垫底的碗中，接着往碗中倒入鸡汤，放入肥肠片、血旺片和脆臊，最后淋红油、撒葱花即成。

肠旺面具有红而不辣、油而不腻、脆而不生的特点。它那肠软、血嫩、面脆、辣香、汤鲜的风味和口感，让人品尝后难以用语言来表达。

遵义

用地道食材，烹民间美味

近些年，很多大城市的餐馆菜肴同质化程度相当高，这与信息传播的高度发达、物流的方便快捷以及厨师间的频繁交流不无关系。这种现象辩证地来看，说明各地美食的融合度越来越高，不过也会导致各区域美食的个性化越来越模糊。因此，现在有的餐饮经营者开始深入民间寻求地道土菜，这也是餐饮经营的方向之一。

在遵义市区寻找民间美食，小吃是不容错过的。像捞沙巷及附近街道，就是小吃比较集中的区域，在那里遵义鸡蛋糕（有咸、甜、葱香等多种口味）、浑浆豆花面、

羊肉粉、刘二妈粉皮等知名小吃都能尝到。不过，要吃羊肉粉，建议前往虾子镇，虾子镇不仅有全国有名的辣椒批发市场，那里的虾子羊肉粉的名气的确响亮，如今在外地都开了不少店。那天，我们在虾子镇闵家羊肉粉店就餐，观摩了制作羊肉粉的大致过程：先是把羊肉、羊杂及羊骨等熬成羊肉汤，然后取出羊肉、羊杂等切成片。等食客点食时，把米粉（也可用米皮）放羊肉汤里冒好后，再放入羊肉片、羊杂片等冒好装碗，放调料并撒上香菜段即成。上桌后食客可根据各自口味，再添加煳辣椒面、辣椒红油等食用。虾子羊肉粉汤鲜

虾子羊肉粉

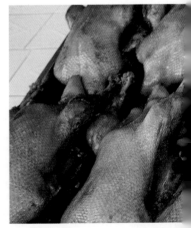

味美，几乎路过虾子镇的人，都会以尝羊肉粉为乐事。

遵义新舟镇乐安江畔的沙滩村，是清代"西南巨儒"郑珍、莫友芝和爱国外交家黎庶昌的故里，也是中国"沙滩文化"的发祥地，如今为遵义机场所在地。在这里，有两道历史悠久的名肴，一是禹门卤鸭，一是甜酸羊肉。

禹门卤鸭选用当地麻鸭经过卤制而成，鸭肉具有清香细嫩、滋润温和的特点。接下来重点介绍一下甜酸羊肉，它又名醋羊肉、黄酱羊肉，这种羊肉是甜酸辣风味，在当地羊肴制作中独树一帜。

听当地人讲，甜酸羊肉已有两百多年的历史，早在清代就已成为沙滩村一带的"压席菜肴"。其做法如下：

取黑山羊肉，连骨带肉和羊肠一起放入锅内，加清水煮开，先倒入适量白酒，撇去浮沫，然后加入姜块、干辣椒、陈皮，待羊肉煮至紧缩捞出，剔骨，取羊肉切块，羊肠切段，留下羊骨继续炖煮。接下来，将羊油放入净锅内，用中火烧至六成热，放入麦芽糖、冰糖炒至糖色起鱼眼泡，然后将糍粑辣椒、当地黄酱入锅一同炒至酱黄色，再将切好的羊肉、羊肠倒入，翻炒片刻，加入羊骨汤、盐和醋，用文火炖至鲜香味出来，最后加入葱段、花椒粉、冰糖和醋，起锅后撒入蒜苗、香菜段即可上桌。

在遵义我们还先后走访了老江菜馆、八节滩陈家鱼馆、土牛食府、安居菜馆、红色岁月主题餐厅、乡韵庄园、顺然农庄、陈有芬豆豉火锅等餐馆，这些店里的民间土菜多选用当地食材，保持着浓郁的地域特色。

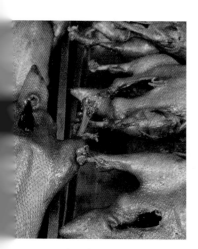

禹门卤鸭

甜酸羊肉

♦ 酱豆豉腊肉

此菜色泽黑亮、豆豉味浓、咸鲜微辣，是把乡土食材腊肉和酱豆豉同炒而成的。

做法：先把腊肉煮熟，切成薄片，干辣椒剪成筒状。接着在锅里放少许油烧热，下入腊肉片煸炒至吐油，盛出。炒锅留底油烧热，先下入筒状辣椒炒至色棕黑，放入姜片、蒜片略炒，下糍粑辣椒、酱豆豉炒出香味，然后放入煸炒好的腊肉片，调入味精、白糖、酱油，最后撒入蒜苗段翻炒均匀，淋少许红油，起锅装盘即成。

♦ 酸椒回锅肉

这道回锅肉与川渝地区的回锅肉明显不同，是加酸辣椒同炒。成菜色泽清爽，酸香浓郁，咸酸微辣。

做法：把猪二刀肉放入加有花椒、姜片的沸水锅里煮至断生，捞出切成薄片。把酸辣椒切成小块。炒锅置旺火上，放适量的熟菜籽油烧热，下入猪二刀肉片煸炒至吐油，再放入姜片、蒜片略炒香，接着下入酸辣椒段炒至酸香味出，调入少许味精、白糖，最后撒入蒜苗段翻炒均匀，起锅装盘即成。

♦ 蓝布正炖猪脚

菜名中的"蓝布正"是当地一种野菜，用它来炖猪脚是民间吃法，成菜质地软烂，汤鲜且味道醇和微苦。

做法：把猪脚直接在火上烧至皮焦黄，然后浸泡刮洗干净，另把蓝布正择洗干净。汤锅内放入猪脚，倒入清水置旺火上烧沸，撇去浮沫后下入拍破的老姜和蓝布正，然后转小火慢炖3小时左右，至猪脚软烂，调入盐再炖5分钟，起锅盛入汤钵内即成。

农家腊排

这道农家风味菜色泽棕黑，腊香味美。

做法：先把仔排剁成 3 厘米长的段，放入盆内，加花椒、盐、味精、米酒拌匀腌制 1 小时，灌装入小肠内，每段用白线捆扎成小节（注意不要挤破小肠），灌装完后晾 4 天，再烟熏制成腊排。出菜时，把熏好的腊排入蒸锅内蒸 30 分钟，取出装盘。炒锅置旺火上，放入少许油烧热，下入干辣椒段炒香，再加油酥花生米、熟白芝麻、葱段炒匀，最后倒入腊排稍炒即可装盘。

黔味苗乡鸡

做法：将带骨鸡肉剁成 3 厘米见方的块，加姜片、葱段腌制待用。西红柿切成小块。炒锅放入适量的油烧至七成热，先下入鸡块爆炒至表面收紧微干，捞出沥油。炒锅内留底油，下入姜片、蒜片、花椒和豆瓣酱炒香，下入糟辣椒、糍粑辣椒煸炒至油红，然后放入爆好的鸡块、料酒同炒，再烹入少许鲜汤，加青尖椒粒、红尖椒粒和西红柿块烧至入味，加味精炒匀，起锅装盘即成。

黔味锅巴鱼

做法：把鲤鱼宰杀治净，在背部肉厚处斜剞几刀，放入盆内，加料酒、葱、姜、盐腌制 10 分钟。炒锅放油烧至七成热，将鱼均匀地拍上干生粉，入油锅炸至金黄酥脆，捞出沥油，摆入盘内待用。另取炒锅，放适量的油烧热，下入糍粑辣椒、豆瓣酱，用小火炒至酥香，下入姜泥、蒜泥炒香，放味精、鸡精、花椒粉略炒，接着烹入陈醋，起锅浇在鱼身上，撒上油酥花生米、白芝麻、葱花，点缀香菜即成。

酒香飘逸，菜味亦佳

仁怀市位于遵义赤水河中游，大娄山脉西段北侧。茅台酒是这里著名的特产。

俗话说：美酒佐佳肴。在仁怀，除了有茅台镇的美酒外，当地有哪些民间佳肴呢？据当地朋友介绍，三把鸡是仁怀传统名菜，旧时厨师能三把拔去一只鸡的全部羽毛，故得此名。制作三把鸡不仅要求拔毛快，烹制也要快，只要3分钟的时间，就可把一只活鸡变成一盘热气腾腾、香鲜可口的辣子鸡丁。

合马羊肉在仁怀也很有名，选料是黔北麻羊，如今在合马镇，各餐馆推出了用清炖、煎炒、粉蒸、凉拌、烧烤等烹法制成的羊肉全席。此外，用糯米、黄豆与猪血制成的血粑，用洋芋打浆后油炸成的洋芋粑粑等都是当地人喜爱的美味。

我们在仁怀不仅探访了安家大院、茅台镇记忆等多家餐馆，还与当地的厨师朋友聚在一起，看他们亮出各自的拿手民间菜。

♀ 极品山珍汤

此菜汤鲜味美，菌香味浓。

做法：把老母鸡宰杀治净后，剁成 3 厘米见方的块，放入沸水锅中汆水待用。将松茸、羊肚菌、鸡枞菌、大脚菇分别洗净，切成片，虫草花洗净待用。汤锅置旺火上，注入清水，烧开后放入拍破的姜块、料酒、汆好的鸡块，用小火炖熟。然后将各种菌类、红枣、枸杞放入鸡汤内，用中小火炖制 20 分钟，调入盐再炖 5 分钟，关火舀入汤钵内，撒上葱花即成。

♀ 农家豌豆糯香骨

此菜色泽棕黄，香糯可口，咸甜味美。

做法：先把猪仔排骨沿骨缝切开后，剁成 3 厘米长的段，放入盆中，加盐、料酒、姜粒、葱段、腐乳汁、红糖、酱油、味精腌味。糯米淘洗干净，用温热水浸泡 2 小时，捞出沥水。接着在蒸笼中垫上纱布，倒入糯米大火蒸熟，取出放入盛器内，加适量盐、红糖、酱油及水发豌豆拌匀。取一个小竹蒸笼，垫上洗净并修边的荷叶作底，腌味后的排骨拣去葱段，铺在荷叶上，再盖上拌好味的糯米饭，用大火蒸 2 小时取出，撒上葱花即成。

农家豌豆糯香骨

♀ 酸茄子肉片

这道农家菜品选用倒扑坛腌制的酸茄子，配合酸辣椒、猪瘦肉同炒。成菜酸辣醇香，开胃爽口。

做法：将酸茄子切成小条。（见图1、图2）蒜苗切成小段。猪瘦肉切片，放入碗中，加盐、料酒、水淀粉码味。炒锅置旺火上，放入适量的油烧至五成热，下入酸茄子及肉片爆炒至断生盛出。（见图3）接着在炒锅内放少许油烧热，下入酸辣椒炒香，再倒入酸茄子及肉片，加蒜苗、味精和少许的盐翻炒均匀，起锅装盘即成。（见图4）

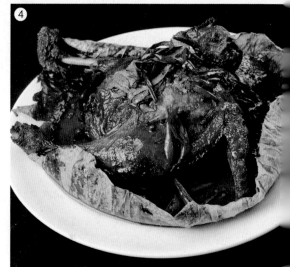

① 泡椒鲜鱼
② 黄焖农家土鸡
③ 酒糟鸡
④ 酒都杂粮鸡

🔍 泡椒鲜鱼

当地厨师烹制鱼鲜，不仅加入泡椒、泡萝卜、西红柿块等，而且还加入了木姜子油调味。成菜色泽红润、开胃爽口、微酸咸鲜、风味独特。

做法：把黄腊丁宰杀治净。姜块、蒜瓣分别拍破。泡萝卜切成厚片。炒锅置中火上，放入熟菜籽油烧热，下自制泡椒、西红柿块、姜块、蒜瓣、泡萝卜片，用慢火炒2～3分钟至出味，倒入鲜汤开大火烧沸后，加鸡精、味精、胡椒粉、陈醋，放入宰杀好的黄腊丁，再转中火煮5分钟入味，淋入木姜子油，起锅装入火锅盆内，撒上鱼香菜即成。

🔍 黄焖农家土鸡

做法：将土鸡宰杀治净，剁成4厘米见方的块；姜块、大蒜分别拍破。炒锅置中火上，放入适量的油烧热，下姜块、大蒜爆香，然后放入豆瓣酱、细辣椒面煸炒出香味，再下入鸡块翻炒，加泡辣椒、十三香煸炒至鸡肉香味出来。接着把炒好的鸡块倒入高压锅内，加适量的清水及酱油，加盖压8分钟，离火自然冷却后，倒入火锅盆内，加入汆熟的鸡血、鸡肾，撒上葱段，即可上桌边煮边食。

🔍 酒糟鸡

此菜重用糯米甜酒(即米酒)来烹鸡，做法很少见。成菜鸡肉鲜嫩、汤鲜酒香。

做法：把仔公鸡宰杀治净，入沸水锅中汆水后，捞出冲凉。把老姜拍破。将汆好的仔鸡放入汤锅内，加入自酿糯米甜酒、姜块、红枣、枸杞和新鲜玉米粒，置中火上烧沸，转小火加盖慢炖30分钟至熟透，最后调入少许盐，取出装盘即成。

🔍 酒都杂粮鸡

做法：把仔公鸡整鸡脱骨处理后，加姜、葱、盐、茅台酒码味。另把红高粱、糯米、麦仁、玉米粒放入盛器内，加温水浸泡2小时，捞出沥干水，再入锅加盐、味精、葱花炒香后，待用。将炒好的配料填入脱骨的仔鸡内，经卤后油炸上色，再入蒸笼蒸2小时至熟软，取出装在垫有荷叶的盘中。炒锅放适量的油烧热，将干辣椒丝、花椒炝香，起锅舀在荷叶鸡上，最后撒些薄荷叶即成。

阴苞谷米炖腊猪脚

阴苞谷米炖腊猪脚

这是一道地道的农家菜，把阴苞谷米与腊猪脚用贵州特有的盗汗锅烹制，烹法古朴，调味简单。成菜汤鲜味美、腊香味浓。

做法：将腊猪脚烧皮后刮洗净，剁成3厘米见方的块，放入沸水锅中汆水，捞出冲洗干净。将阴苞谷米放入盛器内加温水浸泡后待用。把腊猪脚块、阴苞谷米、姜片和葱段放入盗汗锅内，不加一滴水，然后放在蒸锅上加盖蒸制，用纱布将盖处的缝隙堵上，在盖的顶部凹陷部分内（天锅）加入冷水，蒸制3小时。通过盗汗锅内外锅中间冒出的蒸汽，遇到天锅上的冷水后，凝成"蒸馏水"成为汤汁，待汤汁快满锅边时，取出连锅上桌，撒上葱花即成。

盗汗锅是贵州民间一种炊具、餐具共用的特色锅具，它由外锅、内锅和天锅三部分组成。外锅锅底是空的，且与内锅壁之间有空隙，放在蒸锅上，蒸汽可通过空隙进入内锅加热食物。天锅即最上面的盖，呈凹形，上面可盛凉水降温。用盗汗锅烹制食物，一般不加水，靠水蒸气上行遇冷（天锅盛有凉水）凝成水滴，滴入内锅形成汤汁，这也是该炊具得名的原因。

腌跷豆炒老腊肉

做法：将老腊肉烧皮后刮洗干净，入锅加清水煮至熟透，捞出凉凉，切成条待用。将腌跷豆放入盛器内加温水浸泡回软。炒锅内放少许熟菜籽油烧热，先下入干辣椒段、姜片、蒜片炝锅，然后下腌跷豆、腊肉条略翻炒，再加味精、蒜苗段翻炒均匀，起锅装盘即成。

♀ 鱼香酥肉

做法：把猪五花肉去皮切成厚片，放入盛器内，加姜葱汁、盐、味精、花椒粉和甜酒汁腌制30分钟。另取一个小碗，加入少许盐、味精、胡椒粉、白糖、陈醋、酱油、少许鲜汤和水淀粉调成荔枝味汁待用。取小盆，加入鸡蛋、淀粉、面粉、盐、清水调成稀稠适度的全蛋糊，将腌好的肉片放入糊中挂匀。炒锅置旺火上，放入菜籽油烧至五成热时，将挂糊后的肉片入油锅炸至定型，捞出沥油，切成小块，然后待油温回升复炸至色金黄酥脆，倒出沥油。炒锅留少许油烧热，投入糟辣椒、姜末、蒜末炒香，下入炸好的酥肉，烹入提前调好的味汁翻炒均匀，淋入香油，起锅装盘，撒上葱花成菜。

♀ 美酒鲫鱼鲊

此菜制法特别，是把鲫鱼加茅台酒、鲊面等拌匀，以粉蒸的方法制作而成。

做法：把鲫鱼宰杀治净，对半剖开，放入盛器内，加辣椒面、姜末、盐、味精、胡椒粉、白糖、茅台酒、鲊面和少许清水拌匀，摆放在扣碗内。接着将蒸锅烧开上汽后，放入鲫鱼扣碗蒸30分钟至熟，取出翻扣入盘中，围摆上焯熟的西蓝花，撒上香菜段、煳辣椒，最后浇热油激出香味即成。

遵义

习水豆皮火锅

在习水县，从事烹饪教学的朋友王坤平告诉我们，来到习水不能错过豆皮火锅时，我着实有些惊讶——豆皮也能做火锅？

豆皮，在习水又名豆腐皮，不是指那种油豆皮，而是类似于千张的豆腐皮。那么怎样用它来制作火锅呢？在王坤平的推荐下，我们来到了当地生意火爆的"健康豆腐皮"火锅店。

在 20 世纪 80 年代，店主吕良蓉夫妇就开始经营豆腐皮火锅店，据他们回忆，当时在习水开豆腐皮火锅店的并不多，而豆腐皮火锅成为名食，也是近三十年的事情。它是在川味麻辣火锅的基础上，再结合贵州火锅的特色演变而来的。

随后，吕良蓉夫妇为我们展示了豆腐皮火锅的制法。先是在火锅盆里放上盐、味精、鸡精、花椒粉、姜末、蒜末等调料，接着舀入自制的油辣椒，再倒入适量鲜汤，锅底就做好了。

接下来，把火锅放在炉灶上，将提前做好的豆腐皮撕成片下入火锅里，稍煮后撒入折耳根段、香菜段、香葱段等，即可端上桌边加热边食。吃豆腐皮火锅一般不另外用蘸碟，但与其他火锅一样，边食还可以边加

入其他荤素原料煮制，比如提前制熟的蹄花块、熟猪肚条、粉肠、酥肉、洋芋片、西红柿块、藕片等。豆腐皮火锅的口味与川味火锅明显不同，不仅蒜香味突出，还因为复合了折耳根、香菜以及油辣椒的香味，故独具个性。

通过与吕良蓉夫妇和王坤平的交谈，我总结出了制作豆腐皮火锅的几条要点：

一是制法讲究，特别是在火锅中起主导风味的油辣椒，是用上等辣椒加多种香料炼制而成，具有油而不腻、辣而不燥、香味自然的特点。

二是吃法讲究，当地人食用豆腐皮火锅时，喜欢用锅里的豆腐皮去包卷折耳根、香菜或其他原料，再一起夹进嘴里，这样的吃法别具特色。

三是豆腐皮的制作工艺不一般，不论是选豆、制作手法，还是加工的水质都很特别，这使得该地生产的豆腐皮皮薄、有嚼劲，而且豆香味浓，具有得天独厚的优势。不过这种豆腐皮，必须是当天现做现用于火锅煮食，不能隔天使用，否则会影响火锅品质。

由于制作出上等的豆腐皮难度较大且工艺繁琐，这或许成了豆腐皮火锅难以走出习水，没被更多人认识的原因之一吧。

豆腐皮制作过程

凉拌鱼

有滋有味的泸州美食

　　四川盆地内，沿着长江有三座城市让人印象深刻，分别是江津、宜宾和泸州，因为这三个地方都以出产优质白酒而闻名全国。而三者当中，以酒城泸州尤为值得一提，因为在川酒的六朵金花里边，泸州就占了两个闻名全国的白酒品牌，一是泸州老窖，二是郎酒。出产好酒的地方美食都不会差，因此我们这次去川南采风，便把目光瞄向了泸州。

　　在泸州我们发现，当地厨师烹制鱼鲜的方法及成菜风味，与川南宜宾、乐山，川西新津，川北南充等地有些许不同。比如我们吃到的那道凉拌鱼，是把鲫鱼先蒸熟，然后浇上小米椒末、香菜末、姜末、油酥花生米、陈醋等调成的味汁，那种酸辣鲜香的风味，我们在川内的其他地方很少尝到。

　　在泸州又有什么特色餐馆可以去呢？还是先到"贵丰园酒楼"看看吧。这家酒楼在泸州已经开了一二十年，不仅包席生意火爆，商务餐生意也不错。我们在该店品尝后一致认为：该店的生意好与个性化的菜品分不开。虽然客人在贵丰园也能品尝到海鲜等时尚大菜，但是该店的厨师似乎更专注于对本地菜的传承和挖掘，就拿那一道泸州民间的烤红薯来说吧，该店大厨在制法上精益求精，把这种很平常的食材做成了一道招牌菜。还有像该店的包浆豆腐回锅肉、青椒炒茄把、乡村棒菜皮、乡村煎麦粑等民间乡土菜，都带着浓浓的川南气息。

① 包浆豆腐回锅肉

② 青椒炒茄把

③ 糟香仔鸡

包浆豆腐回锅肉

以前，我在不同的地方品尝过各具特色的回锅肉，比如每片肉比巴掌还大的连山回锅肉，加自制腌菜——盐白菜炒出来的盐白菜回锅肉，加鲜鲍、海参片一同炒出来的极品回锅肉……而这次在贵丰园，吃到的却是一种加豆腐炒出来的回锅肉。如果只是把豆腐切片下锅经油煎后，再与回锅肉一起简单地炒在一起，那也没什么可值得称道的，而该店的回锅肉创新之处在于，用包浆豆腐与回锅肉合炒。包浆豆腐外皮略脆，内里嫩似膏浆，同炒的肉片切得相当大，吃起来醇香中带有蒜苗和青椒的清香。

青椒炒茄把

用茄把作为主料之一来做菜，这在民间比较常见，想必贵丰园的这道菜是厨师从民间挖掘创新出来的。此菜刚一端上桌，就散发出一股特殊的干香味儿，如果没猜错的话，这道菜应该是用茄把与青尖椒段干煸而成。搛起一块茄把吃到嘴里，口感绵软，再一细嚼又带着一点烧青椒的煳香味。

糟香仔鸡

这盘炒鸡肉看上去是香辣味的，可是吃到嘴里却有一股浓浓的酒糟香味。原以为这鸡肉吃起来口感会有点酥，但入口一尝却是比较滋润的，这种视觉与味觉上的反差，当时就获得我们的一致好评。品完此菜后我还在琢磨，泸州产酒，取酒糟的香气入肴是不是当地厨师惯用的一种手法呢？

① 乡村煎麦粑

② 乡村棒菜皮

③ 烤红薯

④ 黄粑

⑤ 豆腐鱼

♀ 乡村棒菜皮

棒菜（即根用芥菜）的皮，居然也可以拿来做菜？没错，这是道麻辣口味的凉菜。服务员告诉我，这道菜的原料虽普通，但是在贵丰园却卖得很好，制作起来比较麻烦，要把棒菜的皮撕去老筋后，再加盐和白糖拌匀腌制，最后才加入麻辣调料拌成菜。

♀ 乡村煎麦粑

这算是地道的民间小吃了，制作麦粑用的是小麦粗磨成的面粉，煎制时用的是地道菜籽油，一入口就能明显感受到一股浓浓的乡土味。

♀ 烤红薯

这道烤红薯从贵丰园第一家店开业一直卖到现在，几乎是每桌必点。当端上桌来时，它看上去就像是一盘蜜汁红薯，不觉得有什么特别之处，可就在趁热吃到嘴里的那一瞬间，立马超越你的心理预期。一问服务员才知道，这款烤红薯与普通烤红薯的做法不同：先把红薯去皮后，放入烤箱烤至熟透，最后还要刷一层麦芽糖。

最后值得一提的是，泸州当地的小吃也不少，黄粑、猪儿粑这些早已享誉在外的品种就不再赘述了，单是我这次在泸州街头所见到的豆腐鱼，背后就有不少"龙门阵"（四川方言，指故事），而谁又会想得到，这豆腐鱼其实跟鱼和豆腐没什么关联，而是一种糖醋鱼味型的春卷。我们在市中心钟鼓楼街所见到的那家豆腐鱼摊，打出了百年小吃的旗号。据摊主饶兴全讲，早在民国时期其爷爷便在泸州街头走街串巷地叫卖此小吃。在这些光顾他们小摊的食客当中，甚至有从当年还年幼的小女孩，吃到如今已晋升为婆婆辈的人。

尧坝古镇游食记

在去过很多的古镇后，你可能会感觉很无趣，因为如今的大多数古镇早已不古，许多老建筑在经过一番改头换面后，已经是有古形而无古意了。各种商业摊档充斥其间，虽然给古镇带来了商机，但往往与古镇本应当有的氛围相悖。以至于现在不少真正热爱旅行的人，都在远离那些人满为患、商业味过于浓厚的所谓古镇，去搜寻那些游人罕至因此仍保持着原汁原味的古镇。

尧坝古镇地处泸州合江县，这里要特别加上"泸州"两字，是为了避免把合江与地处重庆的合川相混淆，虽然两者仅一字之差，但却相距甚远。

前几年，我曾见过一些摄影师拍摄的有关尧坝几近于原生态的纪实图片，也听说过尧坝古镇是享誉中外的"西部影视基地"，曾吸引了凌子风、黄健中、郭宝昌、苏崇福等著名导演前往，相继拍摄了《狂》《大鸿米店》《酒巷深深》《红色记忆》等十余部影视片，还知道这个地方是著名雕塑家、文艺理论家、美学家王朝闻的故里。因此我一直有去一趟尧坝、近距离感受这个古镇的愿望。

这次终于如愿以偿了，我们的车沿着隆纳高速公路往泸州方向前进。从泸州下高速后，再往合江县的方向至佛荫镇，然后转往贵州赤水方向继续前行约 15 公里，便进入了尧坝古镇。

与众多的古镇一样，青石板铺就的街道、小青瓦房、木板铺面，这些都被视作古镇的基本元素。而与其他地方的古镇不同的是，尧坝街上游人很少，以至于我们几个人风风火火贸然出现，都让人感觉与平和安宁的古镇气氛不相符。在进入街口之前，就看到了一块高高的古石牌坊，虽然上面镌刻的字迹经过长年风化已显得有些模糊，但是在我们这些游人的眼里，只有这样才更能衬托出古镇的厚重历史。

穿过牌坊走进古镇，还没走几步就来到了王朝闻的故居，其建筑为川南典型的四合院结构，院内分为戏楼、正堂、客厅、卧室、天井、作坊室、偏房等。正堂有神龛、神案，左右置太师椅，而作坊室则陈列了王朝闻少年时代使用过的碾子、簸箕、蓑衣、锄头、犁耙等。虽然王朝闻故居现在看来显得简朴，但是依然能感受到那种旧时大户人家的风范。

沿着石板路继续前行，古镇的韵味也愈发浓厚。我们去的当天恰逢赶场天，古镇的不少茶馆里都坐满了喝茶的人，有的抽着烟斗，有的打着长牌。在街上卖豆花饭、卖红烧羊肉的小餐馆里，食客们悠闲地喝着小酒……这些画面，都被我们一一定格在镜头中。

在尧坝古镇，大鸿米店是必看的，那可是古镇的标志性建筑。大鸿米店为清朝嘉庆年间武进士李跃龙修建，建筑为全木质穿斗式结构，整体为四合院布局。据说，这大鸿米店曾经是川黔粮食贸易的重要集散地，因此，这座遗存下来的古建筑，也就成了研究川黔经济史、交通史和建筑风格的重要实物资料。著名导演黄健中先生，正是以此为背景拍摄了电影《大鸿米店》。

大鸿米店隔壁的是一家油纸伞店。我们进店参观后才了解到，这种传统民间手工工艺制作的油纸伞，即使在偏远地区也很少有人做了，因此其手艺被列入了非物质文化遗产之中。

在尧坝古镇，少有其他古镇那种商业味道，我们当中甚至有人说，无论是在古镇的哪家茶铺、哪家餐馆、哪个角落，举起相机随手拍拍，拍出的照片都称得上是"原生态"的好图片。

前面说了一些古镇的景致，那么尧坝古镇的吃食又有哪些呢？依我们的经验，只要是川南的城镇，就少不了两样吃食，一是豆花，二是黄粑。古镇老街上有一家

羊肺汤

"梁记黄粑店"就颇有特色，因为该店除了卖一般的红糖黄粑以外，还制售夹有不同馅料的腊肉黄粑、樱桃黄粑、橘红黄粑、芝麻黄粑、葡萄黄粑等。

如果说非要选一种最能代表尧坝古镇的吃食，那我们认为是红汤羊肉，因为古镇街头有好几家打着羊肉招牌的餐馆都在售卖此菜。我们在一家名叫"巴适羊肉馆"的餐馆里看到，这里制作红汤羊肉时，都是选用烧过皮的带皮本地山羊肉为原料。把带皮山羊肉剁成块，加辣椒、豆瓣等煨熟。这家店里炖的羊肺汤也颇有特点，是把羊

肺与萝卜炖在一起。赶场的乡民进店后，大多会坐下来先点上一碗红汤羊肉或羊肺汤，再要二两白酒，然后有滋有味地吃喝起来。

临近中午时，我们才在一家名叫"朱氏豆花"的饭馆里坐了下来。该店的当家菜——豆花那是必点的，我们一下子就要了两大碗，每碗才4元钱，听说这还是最近涨的价，以前每碗豆花只卖3元。此外，店家还为我们推荐了两道特色菜，火爆肥肠和子姜鸭。一听说有特色菜，我们顿时就来了兴趣，于是在征得店主同意后，我

火爆肥肠

子姜鸭

们走进小店的厨房里观看店主亲自操刀为我们制作这两道菜。

火爆肥肠所用到的猪大肠，都是提前清洗、煮熟并切成小块状的。只见店主先在锅里放了菜籽油，待烧至油热时，先丢了几粒花椒下锅，紧接着把肥肠块倒进去爆炒。在热油的煎炸下，肥肠便开始膨胀起来。只见店主用炒勺来回地炒了一会儿肥肠后，又加入了豆瓣酱一同炒，豆瓣酱的香醇味儿立马就从锅里升腾起来，接着店主又加入了青椒块、蒜苗段和几种调料一起翻炒均匀，一盘火爆肥肠就炒好了。

据店主介绍，火爆肥肠看起来制作简单，但却很考验厨师的功力，如果炒制时不得法，那么肥肠吃起来就发韧不脆。接

下来的子姜鸭，在制法上相比火爆肥肠就要简单些。只见店主把治净的鲜鸭肉带骨剁成小块后下入油锅，加花椒、干辣椒段和大蒜瓣爆炒至水干，再加入豆瓣酱和少许的香料粉炒至上色且出香味，最后撒入大把子姜片和葱段，稍炒片刻便起锅装盘。

一大钵白米饭就着两道家常菜、两大碗豆花、一碗素菜汤，我们在尧坝古镇的这顿简单午餐吃得津津有味。也许不在于桌上的饭菜有多么好吃，价格有多么实惠，单是尧坝古镇给我们留下的那份质朴、闲适的感觉，比起大城市有的餐桌上那些形式大于内容的饭菜，就让人感觉亲切与本真。

"吃不穷" 的江湖菜

"吃不穷"开在泸州下辖泸县的玄滩镇上。这家餐馆的招牌上虽有"风味豆花"四个小字，但是店里经营的却多是让人赞不绝口的江湖大菜。

小店的老板叫徐纲，厨龄已经有二十几年，十多年前在泸州还当过几家大酒店的厨师长，当年在泸州厨界也算是一位知名人士。后来他回到家乡开起了这家小店，不仅卖特色江湖大菜，而且还经常下乡承包乡村筵席……

依我们长期在外探食的经验看，敢于在自己店名上搞怪的小餐馆，往往都有几道过人的当家菜。不出我们所料，这"吃不穷"店里的鳝鱼炖土鸡、油浸兔、折耳根乌鱼汤、鸡哈豆花、粉蒸泥鳅……道道都值得细说。

鳝鱼炖土鸡

在巴蜀大地的一些乡镇小餐馆流行"点杀菜"，即客人点菜后，由厨师从店门口的笼子里现场捉出食客所点的鸡、鸭、兔等，现称重后宰杀并制作成菜。顾客喜欢这种"点杀"的形式，不仅是追求原料的鲜，更重要的是感觉更放心。

这道鳝鱼炖土鸡，是徐纲已推出多年的一道点杀菜，因鳝鱼俗称"小龙"，鸡又常被厨界人士称为"凤"，所以这道江湖菜又有"玄滩龙凤配"之别名。那么这道菜是怎样制作出来的呢？

做法：把土鸡斩杀治净并剁成块后，经过氽水再放入高压锅里，加姜块炖熟，离火放气后揭盖，加入已剔去骨的整条土鳝鱼炖熟，出锅前放盐和味精调好味，盛入不锈钢盆里并撒入葱花就可以上桌了。

这里需要说明的是，由于鳝鱼腥味比较重，即使是与鲜香味浓的土鸡配搭，如果处理不好也会破坏成菜的口味，因此宰杀鳝鱼后，一定要先洗净血水，再投入沸水锅里氽水除腥味，然后放入锅里与鸡同炖。

这道菜吃起来，汤鲜味醇，鳝鱼略带一点儿脆性，鸡肉软熟中带着一丝爽滑，如此将"龙凤"搭配成菜，的确算是巧妙，菜的营养丰富也不必赘言了。也许有读者会产生疑问了：这般清淡的咸鲜味炖菜，哪里比得上大麻大辣的"江湖味"吃起来过瘾呀？不急，其实这一点徐纲早就已经为那些"刁嘴"的食客想到了，因为他在上这道鳝鱼炖土鸡时，还给每位食客都准备了一个用煳辣椒、酱油等调好的煳辣味蘸碟。此外，当客人把锅里的"龙凤"都吃得差不多时，还可配明炉或电磁炉加热烧沸，涮烫自己喜欢的时令蔬菜。

⚲ 油浸兔

在川南内江、自贡、泸州一带，好像那里的人都特别喜欢吃兔，而当地餐馆对兔的烹制方法也是林林总总，比如冷吃兔、鲜椒兔、兔火锅、手撕兔、小煎兔、红烧兔、烧烤兔等。

油浸兔是徐纲根据当地街头的烧烤风味土豆创制出来的，因此该菜吃起来不仅麻辣鲜香，孜然味还很浓。

做法：先把治净的鲜兔斩成小块，放入盆中加盐、料酒和少许的生粉拌匀，下入热油锅中炸至外表略显酥脆，捞出待用。

另取土豆削皮并切成稍厚的片，下入油锅炸一分钟后捞出。把土豆片倒入另一口锅里，加盐、辣椒粉、花椒粉和孜然粉炒匀后，起锅盛入不锈钢盆里垫底。

锅里重新放入适量的菜籽油，先下干青花椒和干辣椒段炒香，再下入姜末、蒜末和豆瓣酱稍炒，接着倒入先前炸好的兔肉翻炒均匀，待加入盐、味精、香油和少许的五香粉炒至入味时，起锅盛入垫有土豆片的盆内，再撒上大把葱花。

净锅上火，放适量的菜籽油烧热后，起锅浇在盆中兔肉上，最后撒些香菜段便可上桌。

干香的兔块被鲜香麻辣的味料所包裹，再以热油浸润，故成菜的味道妙不可言。

📍 **折耳根乌鱼汤**

折耳根在川厨的手里，一般是用来制作凉菜的，或者是与其他调料配合调制成风味蘸碟，偶尔也用来涮烫火锅或炖汤。这里仅拿炖汤来说，平常比较多见的无非是折耳根炖鳝鱼、折耳根猪蹄汤等，而这道折耳根乌鱼汤我以前都没有听说过。

做法：先把鲜活的乌鱼宰杀治净，取净肉片成大片，把鱼头、鱼尾及鱼大骨全都斩成块。锅里放色拉油（油量可稍微多些）烧热，先下乌鱼块煎炸（以除去鱼腥味），滗出多余的油脂，另外加泡椒丝、泡姜丝和野山椒一同爆炒出香味，然后加入适量的清水。待锅里的汤汁烧开，加盐、味精调好味，略煮至鱼块熟时加入带叶的折耳根一起煮，见折耳根煮蔫以后，即可用漏勺把锅里的原料捞出来，盛入不锈钢盆里垫底。把乌鱼片加盐、水淀粉码味上浆后，分散着下入先前炖鱼的汤汁里，煮至鱼片熟时即可连汤带料盛入不锈钢盆里。往盆内乌鱼片上撒葱花，另起锅烧热油，加少许干辣椒段和花椒炝香后，起锅淋在盘中的鱼片上，最后撒一些香菜段便可上桌。

这道菜吃起来，汤鲜鱼嫩，味道微辣，既带有泡椒、泡姜及野山椒混合产生的酸香，又带有折耳根的异香，在起锅后，加葱花、香菜段和炝香的辣椒、花椒以增香，一端上桌就香味扑鼻，让人不忍停箸。

🔍 鸡哈豆花

鸡哈豆腐是一道传统川菜，因为成菜后豆腐呈散碎状，如同鸡"哈"（四川方言，即用手或爪刨的意思）过一般，故而得名。正是因为在烹制过程中已经把豆腐"哈"碎了，所以成菜吃起来才更入味。

徐纲店里的鸡哈豆花，应该说是在鸡哈豆腐的基础上演变而来的，刚开始我们觉得它没什么特别之处。当吃到嘴里时，才感觉出香味不一般，一问徐纲才知道，原来在烧制豆腐时还加了当地一种叫蓼子的植物。

徐纲告诉我们，蓼子有家蓼和野蓼之分，只有家蓼才有香味，而在当地民间，人们用其做菜很普遍。当我接过蓼子，闻了又闻，感觉其气味跟折耳根有些相似。后来查资料发现，这蓼子其实是蓼科植物当中的一个品种，徐纲店里究竟用的是哪一种，就不得而知了。

做法：先在锅里放油，加姜末、蒜末和豆瓣酱炒香，倒入适量的清水烧开，下盐、味精和少许的酱油调好味，放入豆花块烧一会儿（在烧制过程中要用炒勺将豆花块"哈"成小块状），待豆花烧入味后，略勾薄芡便可装盘，最后撒上葱花和切碎的蓼子端上桌即可。

① 鸡哈豆花
② 蓼子

宜宾

宜宾美食印象

　　川南宜宾,有"万里长江第一城"之称。或许是地理环境、气候和物产等因素,造就了宜宾饮食与川内其他地方饮食的某种差异。比如宜宾及周边地区水系发达,除长江以外,还有南广河、黄沙河、巡司河、长宁河、越溪河、古宋河等,这些大江小河里的鱼鲜品种众多,故在过去鱼鲜菜就成了当地的一大特色(注:如今天然河流已禁捕)。

　　宜宾的长宁、江安一带,出产丰富的山珍类食材,像竹燕窝、竹毛肚、竹荪、苦笋等,它们在宜宾菜的制作中都用得极其广泛。而在兴文、珙县一带的山区,腌腊制品做得也相当有特点。另外,宜宾的糟蛋在省内外也很有名气,宜宾芽菜更是名扬四海⋯⋯

我们一行驱车前往宜宾的几个区县打探当地特色美食，在短短几天的时间里，先后去了宜宾市区及下辖的长宁、江安、兴文、珙县、高县、筠连等县市。

在宜宾采访时，"饕乐李家菜"的老板李庄给我们说起了宜宾菜的特点：多用本土特产体现民间风味，善烹河鲜及山珍，以小煎小炒见长，成菜口味浓厚……其中着重提到了当地的特色食材。那么在宜宾，究竟有哪些值得我们关注的食材呢?

过去宜宾人食鱼鲜自然是有着地域的优势，当地厨师烹制鱼鲜也是独具匠心。数年前的那次在宜宾采风，我们就见识到了当地厨师烹制鱼鲜的功夫。

① 宜宾苗家素蘸水鱼
② 冲菜炒腊肉
③ 竹菌炒蛋

📍 **屏山河鳅**

    说到宜宾的鱼鲜菜，有两点不容忽视，那就是选好泡菜、用好泡菜。店家每天都要提前用多种泡菜与豆瓣熬成酸香麻辣的红汤，再用这汤来烹鱼，这样做不仅可以缩短出菜的时间，还有利于保持鱼鲜菜肴出品的稳定性。

    做法：在锅里放菜籽油和猪油烧热，先下干青花椒、泡菜片、泡小米椒段、泡姜片、泡萝卜片、大葱段、大蒜和姜片炒香，倒入鲜汤熬出味以后，加盐、味精和鸡精调好味，即得到酸香麻辣的红汤。

    出菜之前，把河鳅宰杀治净。另取锅舀入适量的泡菜红汤先烧开，然后下入河鳅，改小火煮熟后，便可起锅装盘。

♀ 啤酒卤鱼

虽然这只是普通的草鱼，但经过先炸后卤以后，其口感和滋味都变得非同一般。加啤酒既可除腥去异味，又增加了鲜香味。加入的芽菜是宜宾的特色调辅料之一，其本身就有增鲜的作用，再加入大量的小青椒和小红椒，让成菜更加鲜辣刺激。

做法：把草鱼宰杀治净后，先在背部剞上花刀，再下到烧至七成热的油锅里炸至皮酥肉熟。捞出来沥油后，将其放到加有啤酒的川式辣卤水锅里，卤至入味便可捞出来放入盘中。

锅里放少许色拉油先烧热，放入猪肉末、干辣椒段、碎米芽菜、小青椒圈和小红椒圈，待炒出香味再淋少许啤酒，加入盐、鸡精和味精调好味，出锅舀在盘中鱼身上即成。

♀ 水豆豉鱼

各个地方水豆豉的做法都有一些差别，在宜宾地区就有两种主要的做法：一种是把黄豆煮熟了，再进行发酵；另一种是把黄豆在锅里炒至半煳时，加水煮熟，再进行发酵。黄豆发酵后，还要加入一定量的盐、剁椒和子姜粒，拌匀后放入坛子里存放，随取取用。

做法：把草鱼宰杀治净后，从腹部对剖开（背部相连），全身抹上盐和葱姜汁，平摆于盘里，上蒸笼蒸熟取出。

锅里放入菜籽油烧热，下入泡椒末、水豆豉、红尖椒段和野山椒段先炒香，勾薄芡并淋入香油后，出锅舀在蒸好的鱼身上，最后撒上葱花即成。

在宜宾的长宁、江安一带，竹子的品种多，可食用的山珍竹笋类烹饪原料也多。我们在长宁县的大街上，就见到了不少专卖这些特色食材的店铺。

竹笋炖月母鸡

月母鸡，是当地农村妇女坐月子时都会吃的一种炖鸡。一些餐馆借用了这一民间炖鸡的方法，且炖鸡时还会辅以玉兰片（干笋片）和大头菜片，所以成菜风味很是特别。在吃完鸡肉后，可以加入鲜鸡血和其他的素菜继续涮烫。

做法：先把土母鸡宰杀治净并斩成块，与玉兰片、大头菜片等一起下锅炖制成菜，然后装入特制的生铁锅中上桌，锅下配火源加热，还要配上煳辣椒味碟用以蘸食。

苦笋回锅肉

成菜后苦笋的口感脆爽，同时还带有一股微微的苦香味。

做法：把煮熟的猪坐臀肉切成片，下油锅炒成灯盏窝形状后，再下入郫县豆瓣炒香出色，最后放入焯过水的苦笋片和青红椒块一起炒匀，即可出锅装盘。

泡椒手撕冬笋

这是一道用还未剥去外皮的整根冬笋做的菜肴。

做法：把整根冬笋洗净后，用刀竖着划成几瓣，放入沸水锅里煮熟后捞出来控水。把这些冬笋放入用野山椒等制成的酸辣泡菜汁里泡入味，捞出来装盘，最后淋些泡菜汁水即成。

竹笋炖月母鸡　　　　　　　　苦笋回锅肉　　　　　　　　泡椒手撕冬笋

石米是一种野菜，采食期主要在每年的三四月份。在宜宾，人们多用它来与鸡蛋拌匀了炒食，或者用来做汤菜。

♀ 石米烘土鸡蛋

做法：取石米的嫩叶，择洗干净后放入盆中，磕入土鸡蛋并加少许的盐搅匀。净锅里放油烧热，倒入蛋液煎至定型后再翻面，继续煎至两面金黄色时，出锅装盘即成。

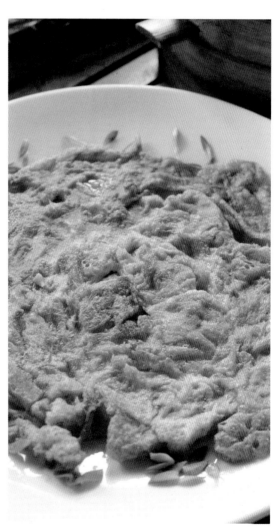

◊ 双合千张

臭千张的制作方法通常是：把黄豆泡发并磨成浆后，再经过烧浆、点卤、摊皮、去卤等工序，最后卷成筒状再发酵而成，成品大多都呈整板状。宜宾臭千张需要放冰箱冷冻保存，不能晒干以后保存，因为晒干的臭千张风味会大减，将其入肴，菜品的口味也会差很多。

"双合"，其实指的是豆腐皮和臭千张这两种豆制品。

做法：先把豆腐皮切成细长条，然后下入沸水锅里，加少许食用碱焖几分钟后，捞出来控水。净锅放油烧热，放入姜末、葱花爆香，下入斜切成小段的臭千张煎透煎香，待倒入清水烧沸后，再放入码过味、上过浆的猪肉片稍煮，而后倒入豆腐皮煮透，最后调入盐、味精和胡椒粉并撒上葱花，出锅装盘即成。

◊ 黄姜豆花

大家都知道，豆花在川南民间一带尤其盛行。平常我们见到的豆花都是白生生的，这次在宜宾县和高县却见到了一种黄色的豆花。当然，这并非是加了色素，而是在点豆花时加入了一种天然食材——黄姜。

黄姜是多年生植物，其地下根茎可入药。黄姜在川南民间，还是一种常用调味品，可以增添独特的辛辣香味，使菜肴更可口。往豆浆里加入黄姜汁据说还能起到活血化瘀的作用。

做法：先用清水把黄豆泡涨，再用石磨磨成浆。另把鲜黄姜洗净，打碎后榨汁待用。把豆浆倒进锅里烧开后，撇去浮沫倒入氹水（即盐卤水）缓缓搅匀，待豆浆开始凝结时，再煮一会儿即成豆花。吃时舀出豆花，另入锅与花生浆、米汤、黄姜汁同煮，然后装碗，跟蘸碟一起上桌即可。

① 臭千张

② 双合千张

③ 黄姜

④ 黄姜豆花

高县土火锅

宜宾

为什么称为土火锅呢？这与其锅具有关，外形和传统的带烟囱的铜火锅差不多。这种土陶器物，外形古朴原始，自有一番"土味"。

土火锅的成菜形式和吃法，与我们以前在川北南充见过的腊味火锅、攀枝花米易见过的铜火锅有异曲同工之妙。据"高县厨艺酒家"的老板周光辽介绍，这种土火锅是从传统的土砂锅演变而来，上桌后需要点火煮食，气氛比较好，再加上配料相当丰富，特别受当地人欢迎。

周光辽随后给我们详细介绍了这种土火锅的制法：

把猪棒子骨捶破，连同猪龙骨块一起放入沸水锅里汆透，捞出来冲洗干净，再放入不锈钢汤桶中，倒清水并加入姜、葱后，上火熬制成鲜汤备用。

依次往土火锅里码入各种配料，第一层放入芋头或山药块等素料，第二层放猪蹄块和土鸡块等荤料，第三层放竹笋、黄花、海带、酥肉等配料，最上面则放入尖刀丸子（是把拌好味的猪肉糁，用刀尖在手掌上刮成锥形的一种丸子，可蒸食煮食等）。

取适量的鲜汤，加盐和味精调好底味，再放入姜片、花椒、金钩海米和墨鱼块等，然后小心地将其倒入土火锅内。

等到把各种原料依次放好以后，再往烟囱里放入木炭煨约2小时，临上桌之前，撒入姜末和葱花，最后配味碟一起上桌即可。

制作关键：第一，底汤里要加入金钩海米和墨鱼块以增鲜提味。第二，除酥肉以外，其他的原料都是生料，所以土火锅都得提前准备好。第三，放料的次序有讲究，以根茎类的素料垫底，耐煮且可避免煳锅，而尖刀丸子放最上面，则是为了整体的美观。第四，味碟一般分两种，一种是用刀口海椒、盐和味精调出来的干碟，另一种是取鲜小米辣圈、葱花和泡菜水调出来的水碟。

刀工精湛的裹脚肉

"叶山餐馆"地处宜宾兴文县大坝乡，离县城有一个多小时的车程。要不是有当地朋友引路，我们恐怕很难找到。

当天，沿着山路前行，不知翻过了几座山、转过了多少道湾，眼见周边的地势变得平坦开阔起来，我们的车也就到了大坝乡。朋友告诉我们，在兴文山区像大坝乡这样平坦的地形并不多见，而这里尤以春天油菜花开时节的景致最美。此外，到了大坝，大小鱼洞值得一看，其实这大小两处鱼洞都是地下与地面相通的溶洞，因从其中流出的暗河中曾出现过不少娃娃鱼，所以得名。

待我们随当地朋友参观完大小鱼洞，肚子也有些饿了，朋友直接带我们去了"叶山餐馆"。

眼前的"叶山餐馆"，看起来的确有些"寒酸"，要不是店门上挂的那块写着"叶山餐馆"的招牌，让人很难相信这竟是一家餐馆。见我们多少有些疑虑，朋友告诉我们，在乡镇上像这种"以家带铺面"的饭馆很常见。一进店堂，只见墙上挂着块牌匾，上书"大坝裹脚肉，苗乡第一刀"两行字，不禁疑惑，这家餐馆的特色菜，难道就是"裹脚肉"？

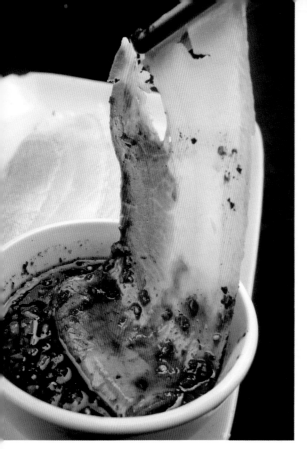

裹脚肉   苗乡腊排

　　店内不大的厨房里，老板叶永强正忙碌着，他早早地煮好了"裹脚肉"，此时见我们到了，就开始拿刀片起肉来。在观摩其精湛刀工的同时，我们也算看了个明白，原来这大坝裹脚肉就是拌白肉，做法与李庄白肉极其类似，就是把猪坐臀肉煮熟了，趁热用利刀片成大薄片并配蒜泥辣酱蘸碟上桌。

　　叶永强告诉我们，在川南的许多地方都有吃白肉的习惯，不过在大坝，人们都习惯于在三四月份吃。至于为何要叫"裹脚肉"，主要是因为这种白肉的肉片大，而且片得很薄。

　　这顿午餐，"裹脚肉"是必不可少的，待我们坐定后，两大盘白肉很快便端了上来，我们揲起肉片蘸着蒜味极浓的辣椒味碟吃，肥而不腻，很是过瘾，不一会儿，两盘白肉就见了底。随后端上来的几道菜也给我们留下了深刻印象。

比如这道苗乡腊排，色泽红润，香味悠长。叶永强告诉我们，这是把猪排骨采用"暴腌暴熏"的方法做成的，即把排骨腌味后挂在柴灶上半熏半烤一周，食用时只需入蒸笼蒸熟便可斩块上桌，而不需要像老腊肉那样经过长时间熏制。

爆鸭子这道菜，是把仔鸭斩成小块后，入油锅爆熟，再加农家豆瓣、姜片、花椒和青红椒炒成，吃起来家常味极浓。依此做法，取粉肠生爆成菜，也是该店的一道招牌菜。此外，店里的菜豆花、双椒脆笋和酸菜红豆汤等，也都是山乡风味极浓的菜。

待我们吃完饭后，叶永强也忙得差不多了，在随后的交谈中我们才得知，他在家里排行老三，所以小名叫叶三，再加上自己从开店以来一直以山乡风味菜见长，故取了"叶山餐馆"这个店名。

① 爆鸭子
② 菜豆花
③ 双椒脆笋

烹法多样的沙河豆腐

　　在巴蜀，人们把豆腐这一食材运用得出神入化，不仅可以加工成腐乳、豆腐干等多种美味，单就豆腐入肴，那也能烹出一两百种不同的菜来。

　　川北广元的剑门豆腐、川南乐山的西坝豆腐，多年前就已经声名远扬了。说到川南的豆腐，还不得不提及宜宾高县沙河镇的沙河豆腐。由于当地具有独特的水质和豆腐制作工艺，使得加工出来的豆腐具有皮绵肉嫩、色泽白净等特点。近二三十年来，沙河镇与剑门关、西坝镇一样，也出现了不少专营豆腐菜的餐馆。

一大早，在邓正庆的陪同下，我们驱车前往高县品尝沙河豆腐。到了沙河镇，我才了解到，这里过去是古道上的一个重要的驿站。我们去的是"郑老七黄桷树豆腐菜馆"。该店老板郑老七，正是邓正庆的徒弟。

那天郑老七为我们下厨，第一道菜是芙蓉豆腐。只见他把鸡蛋清磕在大碗内，再用打蛋器抽打成蛋泡，然后往里面加入豆腐泥及玉米生粉、吉士粉拌匀。这时，锅里的色拉油差不多已烧至四成热，郑老七把豆腐蛋泡糊挤成小球状下入油锅，很快一个个豆腐球便因受热鼓胀起来。待炸至豆腐表皮略脆时，捞出来装盘并配上炼乳蘸碟上桌。我们趁热品尝，这微黄的芙蓉豆腐，吃起来香甜可口。

麻辣豆腐也是郑老七的拿手菜，他烹制此菜的方法与别的餐馆不同。先是把豆腐切成长方块，放入加了菜籽油的锅里煎至两面金黄后起锅。另起锅放油烧热，下入猪肉臊子、辣椒粉、姜末、蒜末、豆瓣酱等先炒香，倒入鲜汤再放入豆腐一起烧入味，勾薄芡并撒花椒粉后装盘，另外撒些葱花和香菜末即可。此菜外酥里嫩，麻辣味浓。

芙蓉豆腐

韭香豆腐你品尝过吗？它的做法与麻辣豆腐类似，同样是把豆腐切块先煎后烧，不过在起锅前加入了大量的韭菜碎和少许的鲜辣椒，成菜是在咸鲜口味的基础上突出韭菜的清香。

　　金牌豆腐，是一道烹法略显繁复的工艺菜。取猪肥膘肉片成大薄片，将咸鸭蛋黄、豆腐干、青红椒丝等用肉片裹成长卷，然后挂上蛋液并蘸匀面包糠，待下油锅炸至金黄色时，捞出来斜切成段后上桌。

　　郑老七做菜爱好创新，当天他做的一道鸡淖豆腐，就让我们刮目相看。雪花鸡淖是一道传统川菜，具有色泽洁白、口感细嫩的特点，郑老七大胆地将鸡肉换成豆腐，创制出鸡淖豆腐，深受那些喜欢食素的食客的欢迎。

　　当天让我印象比较深的还有鱼香豆腐、纸包豆腐、铁板豆腐、咸黄豆腐等菜。鱼香豆腐，是把豆腐切成小块，蘸上生粉下入油锅炸酥后，捞出来装盘，随后浇上用泡姜末、泡椒末、豆瓣酱、白糖、醋、香葱、蒜末等调成的鱼香味汁成菜。铁板豆腐，是把豆腐片先下锅油炸定型，然后加洋葱片、青椒段、泡椒段、豆豉等炒匀炒香，出锅装在烧热的铁板上。

　　面对一大桌色香味俱佳的豆腐菜，赞美之词都显得有些多余，我只想借用邓正庆当时说的一句话来概括：只要用心烹饪，就能成就美味，哪怕是看似寻常的豆腐、萝卜和白菜……

① 金牌豆腐

② 鱼香豆腐

③ 铁板豆腐

④ 麻辣豆腐

⑤ 韭香豆腐

在昭通吃宣威菜

宣威金钱火腿

昭通与宣威，是云南省下辖的两个不同地区，前者靠近四川的宜宾，后者与贵州的六盘水相邻。当我写下这个标题时就在心里想，读者看到这里会不会有疑问：你到了昭通咋不去感受一下当地的民间风味，而是去吃什么宣威菜呢？这里我得解释一下。

我们原计划是要去宣威的，因为我们一行人都很想了解那里的民间菜及宣威火腿的市场情况，可我们这次考察已超出了原定的行程时间安排，于是最后决定放弃宣威的行程，改奔昭通一带考察。

可世上就有这么巧的事，原以为这次无缘宣威菜了，可是我们却在昭通吃到了它。那天，抵达昭通已经是下午两点多了，于是在街上找到一家名叫"盛元"的酒楼入座就餐。当店老板胡尚青说起店里经营的是宣威菜时，我们每个人都乐了。

胡老板告诉我们，她是宣威人，长期在昭通经商，前些年她开始把家乡的民间菜搬到昭通来卖，结果生意还不错。交谈中，胡老板还特意让厨师长张兴涛为我们烹制了一大桌具有宣威特色的菜。

到了宣威菜馆，当然是少不了要品火腿，当天，我们就尝到了宣威金钱火腿、火腿皮炖红豆、火腿大洋芋等菜。感觉这当中的火腿大洋芋最有特点，那是在烘熟

的土豆块上，盛放用干辣椒炝炒的火腿片，如此组合成菜，既有腊肉的醇香、葱花的清香，还有辣椒的煳香。

此外，桌上还有扣野韭菜根、干酸菜五花肉汤、炸隔仓肉、宣威小炒等菜。扣野韭菜根，是把野韭菜根洗净后，抹上一层调好味的猪肉馅，待摆入扣碗蒸熟后，再翻扣到盘里。干酸菜五花肉汤，是把五花肉切成大片后，与农家酸菜煮在一起。炸隔仓肉，则是先把猪腹腔里的特定部位的瘦肉切成小丁，经码味后下锅油炸，再与干辣椒段同炒。

火腿大洋芋

① 火腿皮炖红豆
② 扣野韭菜根
③ 干酸菜五花肉汤
④ 炸隔仓肉
⑤ 宣威小炒

最让我们好奇的还是那道炒血辣子。

做法：在杀猪时把鲜猪血用干辣椒段、盐等调好味，随后再分装到小碗里。临做菜时，取一碗猪血，磕入一个鸡蛋（见图 1），将其搅匀。往净锅放油烧热，待倒入猪血快速炒至断生时，撒入青辣椒圈、小米椒圈和青蒜段（见图 2），炒香便可以装盘上桌。

宣威民间这种烹猪血的方法，恐怕也让你感到新奇吧。

昭通

发现大关民间美食

宜宾的邓正庆得知我们要去昭通寻味，提前就到昭通下辖的大关县等着我们了，很让人感动。他有个徒弟在当地的玉璞大酒店里工作，而该店的民间风味菜做得有些特色，所以请我们顺路去品味一番。

等到了酒店，与他的徒弟李学琴见面后，我们当中的几位都竖起了大拇指，因为没想到，邓正庆的这个徒弟竟然是位女士，而且还在这家酒店担任厨师长。

李学琴在与我们打过招呼后，便进厨房忙着指挥一二十号厨师为当晚的几十桌宴席出菜，随后我们在厨房目睹了李学琴亲自上灶颠锅舞勺。

等厨房里忙得差不多时，李学琴给我们烹制了一桌可口的大关乡土菜，包括鸡香草炖土鸡、洋芋饺、花粑粑、懒豆腐、芥菜肉丝、农村四宝、酸菜红豆腊肉汤、苦荞粑、粉粑粑回锅肉等菜，这里挑选其中的三道菜介绍。

鸡香草炖土鸡

芥菜肉丝

♀ 芥菜肉丝

这可不是加了新鲜芥菜炒出来的肉丝，其中的芥菜，其实是当地的一种腌菜，类似于四川的大头菜。把它切成丝后，下锅与干辣椒丝和猪肉丝炒在一起，有一种特别的鲜香味。

♀ 鸡香草炖土鸡

我是第一次尝到这样的鸡汤。鸡香草是一种野草，带有一股特殊的香气。当地人在炖鸡时，都喜欢加鸡香草以增香。当天李学琴炖的是乌鸡，不仅放了鸡香草，还加了少许花椒调味。

♀ 花粑粑

据说这一美味只有在大关县才能吃到。它是一种地方小吃，用绿豆粉加工制成，由两种面皮构成（一种做成薄饼状，一种做成网状）（见图1），吃时现把两种面皮按顺序叠在一起，先在表面涂一层红油辣椒（见图2），再放上香菜段、胡萝卜丝、青笋丝等时蔬（见图3），将面皮卷起，蘸着香醋就可以吃了。

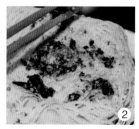
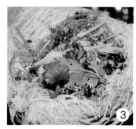

美味自然拉祜菜

地处西南边陲的云南省，是一个少数民族众多的省份，由于各民族都有自己的饮食习俗及口味嗜好，所以说当地的饮食显得异彩纷呈。我们抵达了省会昆明市，当地朋友带我们去品尝了一次拉祜族风味菜。

这是家名叫"土锅鸡"的拉祜菜馆，店主来自滇西南的澜沧拉祜族自治县。刚走到店门口，就看见门前立着两个大大的葫芦，进入店内，还看到好多挂在墙上的小葫芦。为何这家店要去展现如此多的葫芦元素，服务员告诉我们，因为葫芦是拉祜族的吉祥物。而在过去，好饮酒的拉祜人外出劳作时，都喜欢在腰间挂一个酒葫芦。此外，店堂内的桌椅也很特别——是用竹子与葛藤编织而成。桌子不高，当食客围坐四周时，感觉就像围着一个大圆簸箕在用餐。

既然是以"土锅鸡"作为招牌，那自然要点这道菜了。接下来，我们又点了腊肉、黄牛干巴、炸粉肠、炸糍粑、炒芭蕉花、腌菜肉片、炸苦子果、拌野菜（把刺五加、折耳根、水香菜等多种野菜拌在一起）等民族风味菜。

先来说土锅鸡，那是用当地的一种土砂锅炖出来的鸡，由于选的是土鸡，喝起来汤鲜味香。接下来给大家隆重介绍两道菜：炒芭蕉花和炸苦子果。

多年前我就听说过云南人爱吃花，这次终于亲眼看到了当地厨师是怎样烹芭蕉

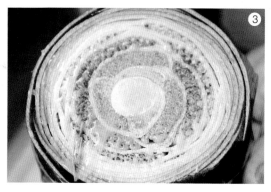

花的。只见大厨把芭蕉花切成两段后，再切成细丝，锅里放油，下干辣椒炝香，倒入芭蕉花丝快速地翻炒至断生，然后加入盐，散入蒜苗段，炒匀便可装盘上桌。炸苦子果一菜则显得更简单，那就是把一种野生的小绿果洗净后，下到油锅里炸熟，捞出来就可以吃了。

芭蕉花吃起来口感细嫩，也说不上特别好吃或特别难吃，可是苦子果就不同了，我当时拣了一颗放在嘴里，咬开后一股带清香的苦味顿时在口腔里漫延开，哇，好苦！

最后端上来的是红米饭，据说这种红米如今在滇西南一带越来越少见了。用这种红米煮出来的饭，虽说口感略粗糙，但有一种原生态的清香回甜味。

①苦子果
②炸苦子果
③芭蕉花
④炒芭蕉花
⑤红米饭

体验煳辣鱼火锅

昆明

在昆明这两天，当地朋友带我们体验了不少特色美食，有近些年流行的建水烧烤、滋味鲜美的野菌汤锅，以及口味独特的煳辣鱼火锅……可能是因为我第一次见到煳辣味的鱼火锅，它留给我的印象最深。

那天我们去的是一家叫"辣得爽"的煳辣鱼火锅店，其店面装修比较时尚。端上来的鱼火锅是子母锅，中间放的是加有番茄片、菌菇的白汤锅

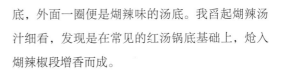

底，外面一圈便是煳辣味的汤底。我舀起煳辣汤汁细看，发现是在常见的红汤锅底基础上，炝入煳辣椒段增香而成。

在"辣得爽"看到，这种鱼火锅主要是煮食鲫鱼。待锅底烧开后，服务员先往汤里加了一小袋自制的香料粉，然后帮我们把点好的鲫鱼一条条地下到了煳辣汤里去煮。煮约三五分钟后待鱼熟了，用漏勺将鱼捞出来，分别盛于我们每个人面前的长方碟内。我发现服务员在舀鱼时还不忘往鱼身上浇一勺锅里的原汤。

你别说，这种口味的鱼火锅吃起来还真过瘾，撇开鱼肉细嫩鲜香不说，单是夹杂在辣味中的那股煳香味，就足以让人胃口大开。将煳辣锅里的鲫鱼吃完，还可继续涮烫鸭肠、午餐肉、金针菇、豌豆尖等荤素菜。

在与当地朋友边吃边聊时，我问起这种火锅是何时在昆明开始流行的。朋友告诉我，关于煳辣鱼的起源有两种说法：一种是源于西双版纳傣族人家烹鱼的方法，另一种是源于昆明滇池边渔民的煮鱼方式。过去，滇池的渔民在煮鱼火锅时，都喜欢蘸煳辣椒味碟，后来几经演变，就变成了现在这种往火锅里炝煳辣椒段煮鱼的做法了。对这两种说法，朋友说他个人更倾向于认为是第二种，至于煳辣鱼火锅广为流行的时间，大概也就是近十来年的事。

那天在"辣得爽"品尝过焖辣鱼火锅后，我们又去了昆明的一家老字号——"大滇园"，巧的是在那里也尝到了焖辣鱼火锅。不过这次我们点的是罗非鱼和花鲢，总体来说口味差不多。

让我印象最深的是，该店与焖辣味锅相配的是一种紫蔬锅底。这紫蔬可不是紫苏，而是把紫色的蔬菜（如紫甘蓝、紫色的心里美萝卜等）经泡制发酵变酸后，拿来熬制成酸汤，最后加韭菜段、香葱段等调制出来的一种色淡紫、味酸香的锅底。

前几年我就经常听到有业内人士说："火锅的口味变化是最少的。"而这次在昆明见到了"焖辣味锅底"和"紫蔬锅底"，是不是也可以给各位餐饮界的朋友们一些启发呢？只要多去琢磨，那么火锅锅底也能够玩出点新花样来。

 百年老建筑里寻旧味

　　那年在云南考察，同行的北京锦府盐帮的老总徐伯春很细心，一路上，他对那些打着民间菜、私家菜、公馆菜旗号的餐馆都特别留意。这不，在我们即将离开昆明的前一天晚上，不知他从哪里打听到昆明有一家名叫"一颗印昆明老房子"的私家菜馆，说是经营得很有特色。他把了解到的大致情况告诉我们：这家店所在的建筑已经有一百多年的历史，属四合院住宅，整体形状如同一枚印章，而这家餐馆也正是以此房屋的构造形式来命名的。哇！还有这样的菜馆！就冲着上百年历史老建筑

这一点，就让我们觉得非去一趟不可。

　　与大多私密性强的私家菜馆相比，这家餐馆并不难找，在昆明景星花鸟市场旁的吉祥巷内，进去一下子就看到它了。整个建筑外观古旧，走过相对逼仄的通道，里面真的是别有洞天。院内的正房和厢房，均是两层木制结构，雕梁画栋、灯笼高挂，那走马转角楼般的设计，完全是昔日大户人家的公馆气派。院内的正房和厢房被改造成一个个相对独立的包间。院内的天井处，还摆了好几张餐桌。华灯初上，食客

如云，哪怕是卡座也都坐了人，不过让我感觉吃惊的是，这里竟然没有餐饮场所惯有的喧嚣。

我们提前预订的包间在正房的二楼，木楼梯已然破旧，人走上去便会"嘎吱嘎吱"地响，虽然上面铺有红地毯，但也能感觉到它那久远的历史。包间内的布置和装饰虽说不复杂，但几样具有明清风格的家具和窗棂，已经传递出了一种文化韵味。

坐下来了解到，这里的菜看多数属于云南民间风味。因此点了三七汽锅鸡、云南特色一碗香、昆虫三拼、杂菌炒饵块、稀豆粉油饼、凉拌野山菌、瓦片臭豆腐、素炒板蓝根等菜。

最先端上桌的是汽锅鸡，当时服务员还为我们端来了一小碟三七粉。她先是给每个人都添了一小碗冒着金黄油珠的热鸡汤，然后让我们放点三七粉进去，搅匀了喝。我端起小碗喝了一口清汤，感觉汤鲜味醇，随后又按照服务员教的方法加了点三七粉，结果这略带药味的粉料竟让鸡汤的香味变得更加独特。

云南人有食昆虫的习俗，昆虫三拼便是将蜂蛹、蚱蜢和竹虫分别下油锅炸后，再加干辣椒段等炒香而成。三种不同的昆虫有着不同的口感，香味也是各有千秋。那道云南特色一碗香，有点类似于四川常见的香碗，不过是把火腿切成大片后，与多种原料放入一碗同蒸成菜。上桌前，不仅撒了葱花，而且还放上了炝香的煳辣椒段。

汽锅鸡

稀豆粉油饼，有点类似于大理的炸黄粉皮配稀豆粉，只是一个配的是油饼，一个配的是炸黄粉皮。瓦片臭豆腐这道菜，所用餐具别具特色——一片特制的青瓦状餐具，上面摆放煎熟的臭豆腐，配有干辣椒粉碟蘸食。

最后来说说小炒猪血，它是把猪血切成丁，入油锅加干辣椒段、蒜苗段、姜末、蒜末和盐等炒匀而成。成菜的品相虽不太美观，但却是一道佐酒下饭的好菜。

记得有位美食家说过："品味美食的氛围很重要，即便是同样的菜，要是换了一个地方，也有可能吃出不一样的味道来。"此话讲得有道理，比如上述那些看似普通的云南民间菜，在摆进这个有着一百多年历史的老建筑后，客人品尝的已经不完全是菜肴本身的味道了，还应当包括他们各自记忆中的味道。

① 昆虫三拼
② 云南特色一碗香
③ 稀豆粉油饼
④ 瓦片臭豆腐
⑤ 小炒猪血
⑥ 凉拌野山菌

赏洱海美景，品白族佳肴

大理

云南大理，一直都令我心生向往。那里景色如画，美食众多，例如当地白族的酸辣鱼、乳扇、生皮、酸木瓜炒肉丝等名菜，都让我一直惦记，这次来到大理，终于有机会去品尝了。

快到大理时，只见公路旁有不少餐馆打着白族风味"黄焖土鸡""野生菌"的招牌。在与当地朋友见面后，他带我们去的正是洱海边一家叫"水上人家"的餐厅。据朋友介绍，这家店开了二十多年，老板是厨师出身，对菜品要求很严格。我一直向往的白族美味，在这里全都尝到了。

酸辣鱼，是把两寸长的鲫鱼与土豆块、豆腐块在锅里烧制成菜，加了辣椒酱调味，看上去红彤彤的。我用汤勺先舀了一点汤汁来品尝，酸香味调到了极致，而辣味却显得相当柔和。朋友告诉我们，白族人家在烹制酸辣鱼时，都习惯用白木瓜和梅子来赋酸。或许，这些酸味物质本身就有着嫩化肉类食材及去腥的效果，让那盘酸辣鱼吃起来不腥不腻。

而同样是酸香味十足的酸木瓜炒肉丝，则是把白木瓜切丝后，与肉丝、蒜苗段、干辣椒段下锅同炒成菜。我只是撷了一小撮来尝，就已经酸得受不了了。不过，当地朋友对于酸木瓜炒肉丝这样的酸味却并不那么敏感，反倒是吃得津津有味。

酸辣鱼

这里不得不说一下大理白族人家的乳扇，那其实是一种牛奶加工制品，因其外观呈大张的扇子状，故而得名。我看到当地人把乳扇拿来烤食或炸食，当天我也品尝到了炸乳扇——把炸得蓬松的一大盘乳扇拿来蘸蜂蜜吃，十分可口。对了，当时桌上还有一道火腿蒸乳饼，是把火腿切片后，与大块的乳饼入蒸笼同蒸而成的菜，这样的组合，让我们都觉得有点新奇。

那天，当我第一眼见到桌上的生皮时，感觉自己连动筷子的勇气都没有，要知道，那就是一盘生的猪肉皮，吃时直接配上辣椒蘸碟和椒盐蘸碟。不过，另一道名叫炸黄粉皮配稀豆粉的小吃，却让我十分喜爱，那炸得酥酥的黄粉皮，与加有香料粉搅成的豆粉糊配合着吃，实在是香。

① 炸乳扇
② 火腿蒸乳饼
③ 生皮
④ 炸黄粉皮配稀豆粉

当晚我们住在大理古城，第二天一大早便驱车开始了环洱海之旅。经喜洲镇到下关，去鸡足山并经双廊，环行一圈后才又回到大理市区。也许是职业原因使然，这一路上我的镜头对准的多是些与美食相关的场景：比如清晨的大理古城旁卖锅巴、豌豆凉粉的小摊；喜洲镇当地的名食——喜洲粑粑；在下关，当地渔民用拖网捕鱼，以及沿着公路晾晒干鱼、小虾；在鸡足山的寺院里，几位白族妇女正端着一大盘卤猪头、卤猪尾、煮鸡蛋以及米饭等做祭祀活动；而在双廊街头，不少的小吃摊都在卖烤洱海鱼、洱海虾……这些场景，都让我着迷。

总的来说，大理餐馆所经营的菜品，多是白族风味菜。在环洱海游结束时，时间已近中午，当地朋友带我们去了市区的另一家白族风味菜馆——"瑞风餐厅"。

如果把之前的"水上人家"看作是一家时尚的中高档餐厅，那么"瑞风餐厅"则属于家常菜馆，这不仅是因为该店在装修上着力去营造乡土风情，还因为该店的菜品价格极为亲民。店家在厨房门前设立的点菜区，把所

① 蒸猪肝鲊
② 炒羊角豆
③ 酸辣泥鳅汤

有的菜品原料全摆上去了,待我们坐下来后,陆续点了酸辣泥鳅汤、蒸血肠、炸牛肠、百合圆子、蒸臭豆腐、蒸猪肝鲊、金雀花鸡蛋饼、炒羊角豆等菜。

　　当时是店老板亲自为我们掌勺,他见我对酸辣泥鳅汤十分感兴趣,便邀请我进入厨房看他操作。烹制此菜的泥鳅是提前炸熟的,只见他先是在净锅里放少许的油,下入腊肉片炒至吐油,再放入炸泡的猪响皮,掺适量清水烧开后,又加了一种带有酸香气味的辣椒酱以及少许辣椒面,而后倒入泥鳅,加盐、味精等调味,煮至泥鳅入味时放入豆腐块、香菇片和豆芽,最后撒入折耳根段和韭菜段,这酸香味美的泥鳅汤便做好了。

当天的一桌菜中，我认为最有创意的
还是百合圆子，这其实是在猪肉丸的表面
嵌上鲜百合片，然后入蒸笼蒸制而成。与
常见的肉丸相比，吃着多了一丝百合的清
香。炸牛肠是把当地民间制作的一种干牛
肠经下锅油炸后，再与薄荷叶和干辣椒段
炒在一起而成。最奇特的还是蒸臭豆腐，
是把做腐乳时发酵过的豆腐坯加辣椒酱蒸
制成菜，辣香中带有一股腐乳的醇香味。

从这两天在大理的美食体验来看，当
地人似乎普遍喜食酸香味的菜肴。

① 百合圆子
② 炸牛肠
③ 蒸臭豆腐

 丽江

迷人的纳西菜

　　有人说，丽江是一个寻找艳遇的地方，可是对我们这种八方寻味的人来说，更希望丽江是一个能"艳遇美食"的地方。

　　丽江作为全国知名的旅游景区，大街小巷上的餐馆多如牛毛，该吃哪种美食好呢？让我们一时无法决定。好在同行的尹敏教授提议，当晚去品尝少数民族风味菜——纳西菜。

　　恰好，尹敏教授多年前结识的纳西族朋友张荣鑫，在丽江城就开有一家以纳西族风情为主题的餐馆，名叫"明佑鑫纳西主题餐厅"。我们看到店门口支着一口大铁锅，里面堆着木炭火，几位身着纳西族服饰的妇女围着火堆，正在跟着播放的纳西民歌边跳边舞。

待我们进入店内才发现，这家店完全是按四合院格局打造的，里面亭台楼阁、小桥流水，古香古色。张荣鑫热情地接待了我们，在与他交谈后，我们才了解到，这些年在丽江，外来的美食很多，而川菜在这里更是大行其道，像他们这样坚持以当地民间风情为特色的店，其实并不多了。张荣鑫这家店已经开了十多年，他开店的初心是让那些到丽江旅游的人，一进店就能了解到纳西族东巴文化，体验到地道的民族风味。

张荣鑫为我们安排的一大桌纳西美味被陆续端上了桌，服务员一一向我们报菜名，有纳西炊锅、纳西吹肝、刺身牦牛肉、老爷豆焖牛掌、酥炸牦牛皮、野山菌烧羊排、整烧猪脸、鸡豆凉粉、丽江粑粑等。

纳西炊锅，在我看来就是铜火锅煮菜，只不过里面的原料很丰富，有当地的腊排骨块、腊猪蹄块、酥肉块，以及木耳、野生菌等。张荣鑫告诉我们，在春节时纳西人家家都要做炊锅。在吃完锅里的菜肴后，还可以点火涮烫龙爪菜、茉莉花等。

纳西吹肝也是一道民族风味菜，当年明代旅行家徐霞客徒步到滇西考察闻名的佛教圣地——鸡足山时，丽江木土司就是用"吹肝"来款待他的。那天，我们了解到当地民间制作吹肝的方法：

选用一副新鲜且无破损的猪肝，将空心竹管插入肝管内，用嘴把气吹入猪肝，边吹还得边用手去轻拍猪肝使其胀大。随后将已经配好的草果粉、花椒粉、茴香粉、辣椒粉、盐、酱油、生姜汁和蒜汁等拌匀，再一勺一勺地通过竹管灌入猪肝内，等到拔出竹管并用麻绳把灌口处扎紧后，便挂在通风阴凉处，任其自然风干，大约一个月的时间便可。

食用前，将吹肝取下来洗净，既可用于炖、煮，又可蒸食。明佑鑫的"吹肝"，是蒸熟了切片装盘，然后浇上用小米椒末、香菜末等调制的鲜辣味汁，点缀香菜叶即成。

在我看来，纳西族美味更多的还是体现在牛羊肉菜肴中，而我们品尝的那一桌菜中，就有不少是用牦牛肉和羊肉做成的。最让我们惊讶的，还是那道刺身牦牛肉。把牦牛嫩肉切成薄片后，蘸着刺身味汁吃，这种吃法，古风犹存，估计也只有在这高原少数民族地区才能见到（作者注：其他地区不可模仿此吃法），像我这种不喜生食的人，鼓足了极大的勇气才撷起一片，蘸汁后快速放进嘴里，没想到，这牛肉极其细嫩，有如吃三文鱼肉一般。

刺身牦牛肉   老爷豆焖牛掌

老爷豆焖牛掌，是用当地一种野生豆
与牛掌一起焖制的，牛掌软糯，野生豆爽
口。那道酥炸牦牛皮在我眼里，就是一道
"怪菜"，也不知当地人是怎么加工制作的，
居然把看似绵韧的牦牛皮炸得雪白松泡，
上桌时还配有辣椒蘸碟，吃着就像是在嚼
米花糖。野山菌烧羊排，是用野山菌与鲜
羊排下锅同烧，倒也醇香味美。

席间，还穿插有整烧猪头、酱油鸡、
烤乳猪等大菜，这里不过多描述了。最后
上来的一道素菜和两道小吃，倒是让我印

象颇深。素菜名叫"水性杨花"，不知道
它为什么起这个名字，我想可能是因为它
生长在水里，并且又是花类食材的缘故吧。
小吃是丽江粑粑和鸡豆凉粉。这丽江粑粑
是一种酥饼，口感酥脆。而鸡豆凉粉，据
说是用当地一种很特别的豌豆（因这种豌
豆小似花椒，状如鸡眼而得名鸡豆）制成。
这种凉粉表面色泽灰黑，口感则十分爽脆。

① 野山菌烧羊排

② 酥炸牦牛皮

③ 水性杨花

④ 丽江粑粑

⑤ 鸡豆凉粉

丽江

牛气的永霞小吃

　　夜色下的丽江，显得分外迷人。从"明佑鑫纳西主题餐厅"吃完晚饭走出来，尹敏说第二天一大早就得去忠义菜市场，在这个菜市场外边，有一家叫"永霞小吃"的饮食店，他前些年来丽江时吃过，很值得一去。于是，我们回到酒店便早早休息，期待着第二天能有新发现。

　　第二天一大早，我们便赶到了忠义菜市场，而这时已经是人流如织、热闹非凡。在一排卖腊排骨和火腿的摊点上，除了看到有人在卖纳西吹肝，还见到了一种叫猪肝鲊的少数民族美味。细

看后发现，这其实是用猪肥肠和辣椒粉拌在一起腌制而成，如此"名不副实"，让我们对它更加好奇。在这个菜市场里，不仅看到许多卖野生菌等土特产的摊子，还看到几家卖铜火锅、铜瓢、铜壶等炊具的铺子，以及我们以前很少见过的食材——新鲜的羊肚菌、蜻蜓蛹、韭菜花酱等。

对了，你见过用高压锅烙的饼吗？我们在忠义菜市场就亲眼看到了。只见小摊贩把发好的面团先擀成圆饼状，然后放到刷有少许油的高压锅里，盖上锅盖（不加汽阀）烙约两分钟，再揭盖翻面继续烙几分钟，取出来放上用青椒圈做的馅料便可食用。

此外，烤饵块粑也有独特之处，先是把大张的饵块放到下置炭火的烤网上，烤至发泡鼓胀时，在其表面抹上辣椒酱并撒一些调好味的蔬菜丝，卷起来吃。我们还发现当地人对荤料的加工方法也很独特，市场内有多个摊点将猪五花肉先腌味，再用铁钩挂起来放到烤炉里，烤至皮焦时取出来售卖。当地人好像普遍喜欢买这样的五花肉回去做菜。

"永霞小吃"店就开在菜市场外，逛完菜市场还不到中午时分，我们决定提前去看看。这时尹敏才告诉大家，虽然其店名上有"小吃"二字，但这家店主要卖的还是炒菜。平时来这里吃饭的，多是当地人，外来游客一般找不到它，找上门来的，也多半是慕名而来。

这家店店面虽小，但里面收拾得挺干净。店老板是一对中年夫妇，听说我们远道而来考察丽江美食，便给我们推荐了店里的招牌菜：烩牛心管（即牛黄喉）、猪脚凉片、红烧牛肉、牛大筋、纳西杂锅菜等。

端上桌来的烩牛心管，准确说是一道炒菜，不知是把牛心管先在锅里卤过还是氽煮过，再切成粗丝与青椒丝下锅炒在一起，虽说菜的品相一般，但吃到嘴里却香鲜脆爽、锅气十足。

什么是猪脚凉片？这"凉片"在我看来相当于平时说的"凉拌"。是把卤煮熟的猪肘先切成厚片装盘，然后浇上用红油辣椒、香菜段等调制的味汁而成。除了猪脚凉片，还看到该店菜单列有牛肉凉片等菜。

红烧牛肉，是将牛腩块下锅与萝卜同烧而成的菜，当地菜馆用的都是雪山牦牛肉，成菜吃起来有一种牛肉的本味本香。这牛大筋一菜，所用到的牛大筋，不是牛

蹄筋而是牛鞭。将其剞花刀后下锅卤熟，再与青辣椒同炒成菜。这样烹制的牛大筋口感软糯，醇厚鲜辣。而那道纳西杂锅菜，就是将南瓜、白菜、木耳等放入肉汤煮熟，酸酸辣辣，颇为开胃。

这家生意火爆的小吃店，虽然菜品的制法简单，但每一道菜都在着力突显食材的本味。临近离开时，我还发现店里每张餐桌的玻璃板下面都压着各式各样的名片，难道这都是来店里品味的食客所留下的？最后还是店老板给我们揭了秘——因为该店的客流量大，所以丽江的好多商家都看好这地方，认为它是一个宣传窗口，因此纷纷把自家的名片放到玻璃板下面。而这些五彩缤纷的名片，也就成了店里的另一道风景。

①烩牛心管
②猪脚凉片
③牛大筋
④红烧牛肉

丽江

别样的火塘江鲜

在准备离开丽江前，好客的张荣鑫说要请我们吃火塘江鲜，同时还告诉我们，这种吃法其实是源于纳西民间的原始煮鱼方式——炭火铜锅、江水煮江鱼，能吃出儿时妈妈煮的鱼汤味道。听他这么一说，我们欣然前往。

张荣鑫带我们去的"金沙湾江鱼食府"，里面装修得小有情调。走进包房，只见带炭炉的方桌上放着一口热气腾腾的大铜锅，里面正煮着鱼块。在锅边，还烤着玉米粑、土豆等乡土美味。等我们坐下后，炒牛干巴、炸慈姑片、炸鱼鳞、凉拌纳西酸菜、燕麦粑等菜也端了上来。

你别说，这种围着火塘方桌吃鱼的形式，还真有一番情趣。锅里是用白水煮着的鱼块，我用汤勺舀了一小碗鱼汤来喝，汤清味鲜。然后搛取锅里的大块鱼肉，蘸上用豆豉、小米椒末、香菜、酥黄豆等制成的蘸料品食，鱼肉细嫩且毫无腥味。我忍不住问张荣鑫，纳西族民间烹鱼是不是有诀窍？张荣鑫呵呵一笑后，便用汤勺从锅里捞出一块枣红色的片状物对我说，本地人煮鱼汤从不放味精，而是习惯放几片木瓜片（不是水果摊常见的木瓜，而是番木瓜），能起到提鲜的作用。这又让我们长了见识。

① 烤玉米粑
② 炸慈姑片
③ 炸鱼鳞
④ 燕麦粑

桌上的几样小菜做得不错，那道炒牛干巴是先把牛干巴切片，下油锅炸后，与干辣椒段、薄荷叶炒在一起而成。炸慈姑片则显得有些另类，是把慈姑削皮切薄片后，下油锅炸至酥脆装盘即成。燕麦粑是用粗粮燕麦做成的，既可以直接吃，又可以放到炭火炉上，烤至表面焦脆时再吃。

吃完锅里的鱼肉，服务员端出了绿叶蔬菜和用腊肉丁、土豆丁烘制的铜锅饭。我们把蔬菜下到鱼汤锅里去烫煮，然后每人盛了一小碗腊肉土豆烘饭，这顿午饭让我们每个人都吃得心满意足。

① 番木瓜片用于鱼火锅提鲜
② 炒牛干巴
③ 铜锅饭

丽江

好奇鸡粑鱼

云南省丽江市下辖的华坪县，与四川攀枝花市接壤。路过那里时，当地朋友赵君打电话来建议我们去华坪县荣将镇尝尝有名的"鸡粑鱼"。我刚听到这句话时，心里想："怎么会取这般低俗的店名？"而赵君在电话那头好像也觉察到了什么，马上给我解释道："鸡是烤鸡的鸡，粑是火烧粑的粑，鱼是烤罗非鱼的鱼，那家餐馆正是以这三道美味作为自己的招牌菜！"

哦？还有这么有趣的餐馆。挂了电话，我把赵君说的话一字不差地讲给车里的人听，顿时大家对这家"鸡粑鱼"餐馆充满了好奇心。

由于赵君也记不清这家餐馆的详细地址，等我们抵达离华坪县城仅几公里的荣将镇时，全都傻眼了——问路成了我们最大的难题，因为在这少数民族杂居的地区，真要把"鸡粑鱼"三个字说出口还真有点

犯难，万一人家理解上产生什么偏差怎么办？这可不是闹着玩的。

为了保险起见，在问路时我们也作了变通，"大哥，请问那个卖烤鸡、卖粑粑、卖烤鱼的店怎样走？""大爷，您清楚这附近那个卖鱼、卖鸡、卖粑粑的地方吗？"路人皆摇头，我们之前的热情也在由热变冷。

最后还是同行的徐伯春很有把握地说，以他多次外出考察的经验，"鸡粑鱼"应该就在附近的乡下。于是我们把车停了下来，仔细观察过往的路人，当见到一对打扮时尚的青年夫妇时，便认定他们必然是经常在外吃饭的主儿。结果上前一问，那位妇人竟对我们大声说："啥子鱼粑鸡哟，你们问的应该是'鸡粑鱼'，它就在前面天星村的那个山弯弯处。"看来，"鸡粑鱼"这个店名在当地食客的嘴中早已经说习惯了，人家说出来也没觉得有什么不妥，

反倒是我们问路时碍口识羞的。

不知道这天星村在华坪是否属于宝地，一个在我们看来并不起眼的乡村，竟然一溜地分布着几十家农家乐，而我们心仪的“鸡粑鱼”，就开在山弯处的公路边。等我们在屋前的大坝子停好车后，才看到墙头还挂着一大块喷绘做的店招牌，原来这家店的全名叫“鸡粑鱼茶香山庄”。环顾这所谓的山庄，看到院内仅有几间民房和一大一小两个养鱼池子，除此之外，院子里只剩下一大堆青杠木柴和数棵杧果树了。

邹富昌是这个山庄的老板，外表憨厚。见我们下车便笑呵呵地迎了上来，当我们说出要吃店里的三大特色时，便赶紧让妻子去鸡舍里逮鸡。我们跟着来到鱼池边的鸡舍，见里面关着好几十只鸡。邹富昌的妻子告诉我们，这些鸡都是从附近的乡民家里收购来的，全都是乌皮土鸡。

吃烤鸡按活鸡的重量计费，每斤25元，不再另收加工费，价格倒是挺实惠。我们选了一只四斤重的仔母鸡，又从鱼池里捞上来两条巴掌宽的罗非鱼。邹富昌便带领几个小伙计，该杀鸡的杀鸡，该剖鱼的剖鱼，在厨房里忙开了。

厨房的土灶膛，柴火燃得正旺，而灶膛前坐着的那位烧火的大嫂，此时已经在制作火烧粑了。只见她身前放着两个面盆，先是从盛有干面粉的面盆里抓起一小把面粉扑在手掌上，然后在盛有发酵面团的面盆里扯起一小坨面团，在蘸匀干面粉后，直接用手按压成大薄饼状，然后将其丢在土灶下边热浪逼人的火灰膛里烤。待烤至一面熟时，用火钳翻面继续烤制，直到这粑粑变得膨大厚实起来。

火烧粑刚烤熟，我便迫不及待地接过来，用手拍掉上面的柴灰，然后双手捧着这滚烫的火烧粑边吹边咬。也许是因为赶了将近半天的山路吧，我们真的是饿极了。哇！这乡土味十足的火烧粑真的好香。

此时，鸡处理好了。只见另一位大嫂把鸡放在案板上斩成长条块，把鸡杂切成段和片，一起放盆里，加盐、酒、胡椒粉、鸡精和油酥辣椒末拌匀后放在一边腌制。接下来，大嫂用铁锹将灶膛里红红的炭火铲了些出来，直接盛放到院坎里的一口大铁锅内，另外在上面放了一张黑漆漆的烧烤网，然后把鸡块放到上边烤。烤了十来分钟，烤网上的鸡块便开始吱吱冒油，大嫂一边翻面，一边细细地察看，不时地用筷子把已烤好的鸡块搛入碗里，然后给我们端上桌来。接着，她将同样用油酥辣椒末等调料腌过的罗非鱼放在烤网上烤。

① 烤鸡
② 烤鱼
③ 转转香

等到罗非鱼和鸡块全部烤好端上桌以后，还给我们上了另外两样当地的特色菜——凉拌转转香和油茶。

转转香是一种香草类植物，吃到嘴里有股类似于木姜子的味道。我看见院坝边的地里种了不少转转香。再来说说油茶，与平常所见的那种呈稀糊状的油茶不同，它是把当地产的茶叶和大米一起下锅先炒香，然后冲入清水煮制而成。我们每人舀了一小碗来细细品味，油茶带着一股淡淡的焦米香。

我们一边吃着喷香的烤鱼和烤鸡，一边与邹富昌聊起天来。原来，天星村处在前往泸沽湖、丽江的旅游路线上，平时途经此地的游客不少，怪不得这地方开了这么多的农家乐。

邹富昌是一位幽默的老人，他给我们讲了好多自己开餐馆时所见到、听到的笑话，逗得我们不时哈哈大笑。当我们邀请他一起坐下来吃烤鸡和烤鱼时，他推说自己开了十多年山庄，每天烤鸡、烤鱼的，可能是把香气都闻够了吧，早已没有品食"鸡粑鱼"的兴趣了。

听到这里我还在想：吃"鸡、粑、鱼"的这一餐，可是我们这两天所吃到的最辛苦、也是最开心的一餐。

透过食材去研究盐边土味

说到攀枝花的美味，少不了要提到盐边菜（盐边为攀枝花市下辖的一个县）。前些年，盐边菜在川内可以说是陡然蹿红，像盐边牛肉、油底肉、坨坨鸡、拌石花、块菌炖鸡等，都是其代表菜。

在攀枝花城内的西海岸餐料市场，我们发现这里的蔬菜品种十分丰富，并且看上去都很新鲜。此外，这里的干菌品种也不少。那么除了蔬菜和干菌外，这里都有哪些特色食材呢？我们在西海岸餐料市场逛了一圈后，觉得有以下几样值得细说。

攀枝花，又名木棉花（攀枝花市当年就是因此花而得名）。在每年的三四月份，攀枝花盛开的时候，当地人有采摘其花蕊做菜的习俗，或者是采回来加工成干制品，以用来烹菜。

攀枝花

树花

石花

块菌（松露）

树花，其实是一种苔藓类植物，因附着在树木枝干上而得名。市场上售卖的干树花，买回来经过泡发后，便可用来凉拌成菜。

石花，是从当地溪流中打捞上来的一种藻类植物，市场上售卖的干石花，经泡发后，可与小米椒段、香菜段、盐、醋等拌成鲜辣味的凉菜。

块菌（又名松露）也是攀枝花地区的一大特产，我们去的时候刚好是收获的季节，市场上不仅有晒干的块菌片，还有鲜的块菌卖。也许是其产量少且购买者多，

现在块菌在当地的市场价也变得比较高。

总体来说，在攀枝花寻味有两样东西绝不能错过，那就是盐边土菜和当地的鱼鲜。

由于攀枝花境内有金沙江、雅砻江等丰富的水资源，所以鱼鲜品种众多。当年我们去的是开在雅砻江与金沙江汇合处的"雅江渔港"餐厅，它设在江边的一艘趸船上。船底流动着雅砻江水，两边是巍巍群山，在船上用餐实在是让人心旷神怡。

在当天点的一大桌菜中，虽然是以鱼鲜菜为主，但还是附带了几道民间土菜，

比如攀枝花炒腊肉、油炸蜂蛹拼油炸爬沙虫、凉拌石花等。攀枝花炒腊肉选用的是晒干的攀枝花，经水泡发后与腊肉条、青椒条、葱段和干辣椒段一起炒成菜，吃起来特别香。爬沙虫产自境内安宁河流域，与蜂蛹下锅油炸即可，吃起来酥香可口。而在凉拌石花一菜当中，不仅加有香菜、青椒圈作为辅料，还加了些许的水豆豉，因此让成菜的口味非同寻常。

点的鱼鲜菜有清汤细甲鱼、豆花烧江鲶、家常水蜂子、雅江石烹花参鱼等。细甲鱼烹制时直接取雅砻江边的深井水煮制，虽然只加了少许的盐，成菜却异常鲜。

① 凉拌石花
② 攀枝花炒腊肉
③ 油炸爬沙虫

① 豆花烧江鲶

② 雅江石烹花参鱼

豆花烧江鲶是红汤麻辣味，家常水蜂子是在家常味的基础上增添了一股藿香味。总体来说，这几道菜口味与其他地方的川式鱼鲜菜差不多，要说有差别，那也多半体现在食材的品质上。

　　我觉得其中最有创意的一道菜，是雅江石烹花参鱼。花参鱼是一种冷水小杂鱼。做法是先将花参鱼治净后装在碗里，另起锅调好麻辣鲜香的烹鱼汤汁，倒在大土钵里，与烤至热烫的雅江鹅卵石一起上桌。服务员当着我们的面，把花参鱼倒入装有汤汁的土钵里，夹入鹅卵石后，里边的汤汁便吱吱作响、热气直冒，两三分钟后，这钵鲜嫩的花参鱼便烫熟了。

　　这样的烹鱼方式很吸引人的眼球，现场操作能调动就餐的气氛。

 半山半水一世界

到了西昌，在邛海边吹吹海风、晒晒太阳、吃吃烤鱼、品品醉虾，这可是件惬意的事儿。

宁家鸿是地道的西昌人，跟我们碰面后，既没有带我们去吹海风，也没有领我们去吃烤鱼、品醉虾，而是直接去了他经营的餐馆。

从西昌市区出发，沿着泸山脚下的环海路前行，十来分钟便到了邛海畔的海南乡（现海南街道）古城村。在一个半山坡上，我们看到了宁家鸿的餐馆，只见门口旗杆上挂着一面布幌，上边有醒目的"半山"二字。

这是一家颇有韵味的庭院式餐馆，举目眺望，近处是碧波荡漾的邛海，而在其背后，则是四季苍翠的泸山，这家餐馆真是依山傍水。

走进庭院，小桥流水、回廊楼阁、灯笼高挂。而在庭院一侧，还设有画室，墙上挂了不少绘画、摄影作品，给人一种恬适的书香气息。跟着宁家鸿进到里院，看到的同样是四合院格局，里面分布着大大小小的包间，从这些细节就能看出宁家鸿在餐馆的经营上颇费心思。

在细节上下功夫不仅表现在店内外的装修装饰上，随后我们陆续见到的菜品，还独有一种精巧与细腻。

凉菜有烧椒拌仔兔、怪味蚕豆、拌核桃花、家乡鲫鱼和搓椒圣瓜；热菜有生捞鱼片粥、青椒鲜鱼、鹅肝炒鲜菌、炊锅鲜鱼、香草炖土鸡、桑拿虾、石烹腰花、清汤鸡豆花和小瓜焖土豆；小吃有农家风味的玉米馍馍和荞面饼。不难看出，这当中既有传统经典菜，又有时尚流行菜；既有西昌本地风味，又有融合外来元素的菜肴。而能把如此多样的菜有机地结合到一起，没有真本事的厨师恐怕是很难做好的。

凉菜和小吃就不多说了，先来看看"半山"的热菜。香草炖土鸡，是把土鸡块、鸡血块与当地的一种香草炖在一起，炖时加了青椒段、小米椒段，在起锅前还炝入了糊辣椒段，因此，成菜的糊辣香味十分浓郁。这样的炖鸡方式，让我们都觉得不可思议，不过在品尝后却发现汤鲜味辣，十分好喝。再看青椒鲜鱼，主料是青波鱼，入锅加青椒段和红椒段一起炖，口味上与香草炖土鸡的不同之处在于它突出一股鲜辣风味。

⑤

⑥

⑦

在席间穿插上桌的桑拿虾和石烹腰花，是两道能调动就餐气氛的菜。桑拿虾虽说是道老菜了，不过该店在制法上还是有些不一样的地方。首先炊具选用了当地的铜锅，先是在锅底铺上烤烫的鹅卵石，再放上锅垫和竹笆，上桌后倒入鲜活的大虾，同时浇入一大杯花雕酒，盖上锅盖焖至虾肉熟，就可以揭盖，取虾蘸味碟食用。用花雕酒来蒸焖大虾的做法，可以看作是西昌的另类醉虾做法。

石烹腰花也很有趣，盛器用的是不锈钢锅，先在里面烧热油，然后放入烤烫的鹅卵石，待端上桌以后，再当着客人的面下入干辣椒段和花椒炝出香味，随后倒入用小米椒段、泡椒片等码味上浆的腰花。待腰花烫熟后，撒入一小碗葱花即成。用勺子去捞锅里的腰花吃，麻辣味十足。

最后，端上来的是一道当地土菜——小瓜焖土豆，尽管我们已吃得差不多了，还是忍不住频频伸筷。小瓜即嫩南瓜，当地人爱用它来炖鸡，成菜有一股特有的清香味。这里的小瓜焖土豆，则是将其与高山土豆块同焖，另外还加了冕宁火腿和虾米来增鲜赋香。

① 家乡鲫鱼
② 青椒鲜鱼
③ 小瓜焖土豆
④ 石烹腰花
⑤ 烧椒拌仔兔
⑥ 香草炖土鸡
⑦ 桑拿虾

鲜砂仁

"吃货" 最爱的综合饭店

每个城市都有这样的餐馆：就餐环境很一般，也谈不上优质服务，虽说菜品的价格不低，但总有一拨"吃货"愿意去消费。西昌城里的综合饭店就属于这样的餐馆，它在当地的资深"吃货"圈子里，称得上是人人皆知。

选择去综合饭店，是因为之前在半山庭院就餐时宁家鸿给推荐的。当时他谈到了过去西昌人在养鹅时，就已经有"填鸭式"的喂养法，而用这种方法养大的鹅，其肝脏类似于法国肥鹅肝。用整只鹅加工成的风鹅，是当地的风味特产。

宁家鸿跟我们提到了综合饭店，正好这家饭店也是以风鹅和鹅肝为特色的。此外，这家饭店还有点怪，一是经营了十来年，连桌椅都没换过；二是该店的老板相当有个性，客人进餐都得依先来后到的规矩，出菜方式是一桌弄完后，再弄下一桌，如果你不能按此规矩而等候，老板也不会挽留你。就冲着这几点，我们决定第二天中午前往体验。

待一早逛完菜市场出来，差不多已经是上午 11 点，我们赶紧上车奔向综合饭店。虽然宁家鸿给我们提供了地址，但还是找了几圈才找到——该店的门面实在是太不起眼了。

进店后，看到已经有一桌客人在用餐了。我们排在了候餐的第三桌。趁着等候之机，我走进厨房里一探究竟，原来，在家庭式的厨房中忙活的也就两三个人，而且还都是小锅小灶地做菜，怪不得每桌的上菜速度都那么慢。

厨房虽小，但收拾得还挺整洁。老板也不忌讳我们在厨房里拿着相机拍东拍西。当时我看到大盆里腌渍了不少的鹅翅、鹅脚，灶上的蒸锅正"咕嘟咕嘟"地蒸着什么。厨房的门口挂着一排香肠和风干肉，一个大簸箕里正晾晒着新鲜的砂仁……当我正着迷于这些小细节时，老板开始制作蒸鹅肝了，于是我赶紧凑上前去。只见老板从盆里取出刚腌渍过的鹅肝，切成厚片铺在盘里，然后入蒸笼上火蒸制。还没看到鹅

肝出笼，他就招呼我们回包间坐下，说是马上就要给我们这一桌上菜了。

最先上桌的是蒸板鹅和鹅翅、鹅脚。蒸好的板鹅已经被斩成大块，不过我发现，每块肉厚处都已经被斜片成大片，这样做的好处是可以避免肉太厚、口感发柴。当板鹅翅和板鹅脚蒸好以后，被剁成块并拼在一起装盘，吃起来不咸不淡，独有盐香与本味。接着端上来的是我们最为关注的蒸鹅肝，它入口很嫩，其味道与在宾馆酒楼尝过的煎鹅肝、白切鹅肝等的味道相比，可以称得上是全新的体验。

随后陆续上桌的还有：泡椒炒小肠、香肠(小肠灌大肠)、乔把菌炒扣肉、拌冲菜、煎血灌肠、两面黄豆腐、炒黄丝菌等。盘中的香肠引起了我的关注，因为这小肠里面灌的是猪大肠，而且吃到嘴里没有异味。那一盘拌冲菜也很有特点，是把拌好味的冲菜先铺在盘里，除了淋油酥辣椒末外，还撒入了油炸花生米，像这样的做法，估计很难在其他的饭店里看到。血灌肠是当地少数民族的特色美味，该店依法做出来

① 蒸板鹅
② 蒸鹅肝
③ 两面黄豆腐

切片后，入锅煎熟了吃，香中带糯。

最后上桌的是牛蹄汤，牛蹄被炖得软烂脱骨，而汤除了有牛肉香味外，还带有一股柔和的砂仁香气。这时我才弄明白，为何这家店会买那么多的鲜砂仁晾在那里。

用餐完毕，我们回到车上，大家都在谈自己对这一餐的感受。有的说，这家餐馆有私家菜的感觉。有的则认为，在这里能尝到食材的本香本味。而当时我的脑海里忽然跳出"家藏菜"这个词，我觉得综合饭店做的菜不是平常的家常菜，也不是调味复杂的馆派菜，而是真正意义上的民间家庭版珍藏菜。

① 拌冲菜
② 煎血灌肠
③ 泡椒炒小肠

西昌

品尝野菜火锅

　　在准备离开西昌之前，我们决定去品尝一下野菜火锅。野菜火锅是西昌的特色美食之一，当地朋友们给我们推荐的是一家打着"摩梭风情"招牌的野菜火锅。

　　去了后才发现，这家店依山而建，环境颇为幽静。在我们点了野菜火锅后，厨房里的师傅便取出铜火锅，先是在锅底垫上土豆块、青笋块、折耳根段，随后舀上炖好的土鸡块和腊蹄块，再往铜火锅的炉膛里装上炭火便端上了桌。

　　在等待火锅烧沸的时间里，服务员把一盘盘野菜也端了上来，包括野薄荷、鱼香菜、水芹菜、荠菜等，有的野菜名我以前听都没听过。

　　待锅烧开后稍煮，服务员让我们先搛食锅里的腊蹄块和鸡块，等吃得差不多时，再涮烫野菜。我搛起腊蹄块往店家提供的煳辣椒蘸水里蘸了一下，那股浓浓的腊香味诱得我频频伸筷。

　　吃完腊蹄块与鸡块，大家都差不多半饱了，接下来再烫食清香爽口的野菜，吃到的又是另一种不同的风味。

　　在我看来，西昌的这种野菜火锅其实就是腊味火锅，只不过吃到最后附带烫食野菜。这样的荤素搭配，既满足了人们吃野、吃粗、吃杂的心理诉求，又在口味上给人新鲜之感。

 ## 不得不说的西昌烧烤

西昌烧烤，又称为火盆烧烤，据说最早源于彝族人家平日里粗犷简朴的饮食方式。过去，彝族人家习惯于围坐在火盆边，不时地把土豆、玉米等放到火盆里去烤着吃。

多年前我曾去过一趟西昌，那时西昌城里的火盆烧烤还多是用网烤——在小方桌面上掏一个洞，铺上铁丝网，在网下面放一盆烧红的炭火，然后把猪小肠、猪五花肉片、牛肉片、韭菜段等放在网上炙烤。用于烧烤的原料，有的是生的，有的是半熟或全熟的。在烤网上烤好后，同样要配味碟（有干碟和湿碟之分）蘸食。

没想到，这次去西昌，当地的大厨阿杜和他的一帮朋友带我去吃烧烤，又让我大开了眼界，因为西昌现在流行的已经是长扦烧烤，其烤法和吃法与网烤相比，显得更为粗犷豪放。

那天晚上，我们去的是西昌城一家知名的烧烤店，只见食客围坐在用角钢、白铁皮做成的圆桌边，桌子中央放着一个用半截铁皮油桶做的火盆，里边烧着木炭。最吸引人眼球的还不止于此，在油桶边沿放着一圈有如小孩拳头般大小的肉块，这些肉块是用半米多长、小指般粗细的竹扦穿着在烤。这让我联想到一些影片中"原始部落"的烤肉场景。仔细察看后发现，长竹扦穿着的不仅有排骨块、猪肉皮块、鸡翅、鸡爪、鸡块、猪尾等，还有猪腰、鸡心等内脏原料，看得出这些原料都是加了辣椒面和盐等调料提前腌过的。

所有的原料都是按价称重计费的。我们点好菜刚坐下，加了当地酸菜煮出来的鸡血汤便端了上来。在吃烧烤前先来碗这样的汤，让人感觉有些特别。等到喝完汤，我们点的菜也陆续端上来了。服务员帮我们把肉用长竹扦穿起来，一一架在铁桶的边沿上，我们则按喜好取食，然后各自手持长竹扦烤了起来。

由于原料相对块大，所以烤制时间也相对较长，不过这也让食客的参与体验感更强。如果客人急于品味，还可将肉块放到离炭火近的地方去烤；如果客人在与朋友聊天，不着急吃，也可以把长竹扦放到桶沿上方烤或离火较远处保温。

吃长扦烧烤多配干碟蘸食。在烤食完大块的荤菜后，还可烤一些素菜，不过烤素菜的方式有些不同。只见服务员取来一个与油桶口径相当的圆铁网，架在油桶上边，把玉米段、土豆片、南瓜片、年糕片等放到铁网上边炙烤。

一边吃着肉，一边聊天品酒，感觉十分惬意。当时我问阿杜："为何西昌一下子就流行起这种长扦火盆烧烤了呢？"阿杜告诉我，这种烧烤形式早先是由邛海边小渔村的一家烧烤店推出的，或许是因为这种粗放的形式更接近原始烧烤，长扦烧烤很快就在西昌城火了起来，并且在其他地方也有人开始经营这种长扦火盆烧烤了。

土砂锅里有雅鱼

雅安

我们从成都驱车出发，先到荥经县城品尝了杨胖子挞挞面、李凉粉和周记棒棒鸡，然后又折回雅安市区探访由梁明给我们推荐的"土砂锅山庄"。

梁明先前在电话里就告诉过我,这家"土砂锅山庄"是以"砂锅"和"雅鱼"作为主题的山庄,当时我就对它产生了浓厚的兴趣。这家"土砂锅"位于雅安城到碧峰峡的路上,我们从雅安北下高速,往碧峰峡方向没走多远,便见到了用两个硕大的砂锅和数不清的小砂锅堆砌、装嵌在山庄的门头,一下就吸引住了我们所有人的眼球。

走进山庄,总经理陈和平热情地接待了我们。他先是带我们在山庄内转了一圈,我们发现,砂锅元素在这里可以说无处不在,比如那专供客人挑选雅鱼的池子,就是用近百个砂锅砌成的;院内那些栽花种草的花钵,也大多用的是砂锅;而在院落墙脚处,甚至是在一面墙上,都是用砂锅来作装饰点缀……

陈和平特意带我们去参观了山庄的菜园,虽然以前在不少农家乐也见过各家自辟的菜园子——以供食客体验及餐馆自种自收,但是这个山庄的菜园管理模式还是让我感觉有些新奇。原来,这菜园里的蔬菜平时都是由员工自己种植,山庄按需出钱收购。这样一来,员工利用空余时间种菜不仅增加了收入,还能丰富自己的业余生活。

我们在厨房里见到了厨师长唐勇,还意外地看到这里负责打荷的居然是一位年轻女孩。当时我就在想,如果中餐厨房都用女性来打荷,是不是能提高厨房工作的效率与配合度呢。而且女厨师对出品的检验也让人更加放心。

"土砂锅山庄"在菜品制作方面分两种方式进行,一种是在厨房里制作,一种则是另设区域现场为客人烹制。这样做是为了带给食客更多的美食体验感。就拿砂锅雅鱼这道菜来说吧,客人在砂锅砌成的鱼池旁现捞雅鱼上来,称重并交给专人宰杀,然后鱼被送到烹制区,用砂锅现场煮制。陈和平说,他们的经营特色就是乡村菜、家常菜,把雅安地区各县市的乡土食材和美味挖掘出来,像汉源县的花椒牛肉、宝兴县的老腊肉、天全县的笋子、荥经县的砂锅天麻炖乳鸽、芦山县的蕨菜、蒙顶山千佛菌炖鸡……

当天,陈和平安排了一大桌菜让我们品尝,当中有砂锅雅鱼、尖刀丸子、蒸腊髈、藿香韭菜鱼、青椒鸡、粉丝蒸黄腊丁、风味茄夹等,大多是雅安地道的民间美味。这其中有两道菜有必要给大家讲讲。一是青椒鸡,其做法有点类似于凉拌鸡,不过加了烧椒和已经炝香的干辣椒段,风味就

① 粉丝蒸黄腊丁

② 尖刀丸子

③ 青椒鸡

④ 蒸腊膀

与一般的凉拌鸡有所不同。二是藿香韭菜鱼，烹制过程中重用了藿香和韭菜。其制作过程是：先把鲤鱼宰杀治净，从其背部剖开掏去内脏后，按压成平片状放入盆里，码好味下入油锅，稍炸便倒出来沥油。锅留底油，先下入豆瓣酱、泡椒末、泡姜末、蒜末炒香，加适量的清水烧开后，加盐、白糖等，再下入鲤鱼，烧至入味便撒入藿香丝，捞出装盘后，另将锅里的余汁勾芡并加入韭菜段，搅匀后起锅舀在鱼身上。此菜端上桌时，虽然品相欠佳——几乎看不出鱼形，但藿香与韭菜融合在一起后，味道就变得不同寻常了。用这两样食材搭配来烧鱼，很少见到。

对于美味，每个人的看法各有千秋，像我们一行中的王斌就对桌上的那碟豆瓣酱情有独钟，他说尝出了这种豆瓣酱有一种特殊的香味。最后还是陈和平为我们揭开了谜底，原来这种豆瓣酱在制作时加了一种被当地人称作"亥子"的食材。听到这里我马上拿起来细看，这"亥子"从外形上看就像四川人熟悉的苦蕌。

民间风味九大碗

九大碗，原本是指民间的一种筵席形式，在雅安却有一家餐馆将其直接用作店名，这家店就是"姚记九大碗"。

"姚记九大碗"已经成了雅安市的一张美食名片，每天吸引着市民和外来的游客前来品尝。

这的确是一家有个性的餐馆，一进到大院里，就会被其环境所吸引——该店是按川西农村院落的格局修建而成，灰砖青瓦、雕梁画栋、灯笼高挂，整个建筑由前院、后院、别院等组成，各院还有厢房与正房之分，里面摆了八仙桌（或老式的圆桌），以及从民间收购来的旧摆设。在前院的雕花木门两侧，不仅有多位明星在该店用餐时的照片，还挂着一副颇有韵味的对联，上联：虽无城中名牌特产；下联：却有乡间风味人情。横联即"九大碗"三字。可以说这副对联已经将该店的特色描述清楚了。此外，该店的院落里还特意搭建了一些在20世纪90年代以前才能看到的泥巴墙茅草屋，给人一种怀旧般的感受。

① 乡村腊蹄

② 麻婆卤豆腐

③ 藿麻煎蛋

④ 野芹菜拌猪舌

该店菜品不少都是发掘于当地民间，像藿麻煎蛋、乡村腊蹄、麻婆卤豆腐等，都显得别有风味。

♀ 乡村腊蹄

这是"姚记九大碗"的一道特色菜，具有腊香味浓、糯可口的特点。

做法：取农家土猪腊蹄髈为原料，经腌制、烟熏成腊制品后，再烧皮并刮洗干净，然后入沸水锅里煮至软熟，捞出来切成厚片装盘上桌。

♀ 麻婆卤豆腐

在雅安民间，人们制作豆腐菜的方式有些特别，他们喜欢卤过后再入看。

做法：把豆腐先切成 3 厘米见方的块，放入加有干辣椒段和花椒的麻辣五香卤水锅里卤至入味，捞出来装碗，再淋红油、花椒油并撒些花椒面和葱花即成。

♀ 藿麻煎蛋

藿麻，即荨麻，其茎叶上长满了毛刺，刺含毒液，人的皮肤与它接触后，会如同火灼般疼痛。不过，就是这种看似不可能作为食材的野生植物，在雅安民间却被用来煎蛋。据说，食用此菜，对缓解风湿疼痛有一定的作用。

做法：把藿麻洗净了切成碎末，放入碗中，磕入鸡蛋并加少许的盐调匀。净锅放油上火烧热，倒入蛋液煎至呈块状时，起锅装盘即成。

♀ 野芹菜拌猪舌

此菜选取乡间野蔬——野芹菜，将其与卤猪舌片同拌而成。

做法：先把猪舌下入五香卤水锅里卤熟，捞出来切成片；另把野芹菜切成段，下入沸水锅里焯水后，捞出来过凉。临出菜时，现把野芹菜段和猪舌片放入盆中，加小米椒末、盐、花椒油等拌匀即成。

 ## 体验白味的羊肉汤

在川内的很多县市，都有羊肉汤这一美味，比较有名的如简阳羊肉汤、隆昌羊肉汤、威远羊肉汤……而这些地方的羊肉汤，在做法和吃法上和别的地方都有着些许的差别。那天，听为我们做美食向导的当地朋友余庆说，到了洪雅寻味，就一定不能错过羊肉汤。

于是，我们便直奔余庆推荐的"杨金全羊肉汤"店。走到店门口一看，店里已经坐了不少食客，而店门前那口热气腾腾的大铁锅，更是一下就抓住了我们的眼球。锅里白色的汤汁内，除了大块的羊肉外，还有羊肚、羊肠等。而锅边站着的几位店员，正忙着把煮好的羊肉、羊杂从锅里捞出来切片，然后用大笊篱盛着放入汤里烫热，分到汤碗里并舀入羊肉汤，再送到食客的桌前。

店里的羊肉汤一律按碗来计价，有15元、20元和30元这三种价位，当时我们各自点了一碗20元价位的。很快，羊肉汤便端了上来，随汤配的有小米椒、香菜做的蘸碟，以及每人一大碗白米饭。

店员见我们是外地人，便指着羊肉汤告诉我们，可先在蘸碟里放一点盐并舀入少许的羊肉汤，调匀后再捡羊肉去蘸味碟食用，要是不喜欢小米椒的鲜辣，也可放桌上准备的干辣椒末，不过碗里的汤最好不要放盐，因为这样才能喝出羊肉的本鲜和本味。

我们按店员说的方式吃了起来，汤果然是鲜，而汤里除了有羊肉片外，还有些羊杂碎。在享用了这物有所值的羊肉汤后，我们几个人都对一个问题感到疑惑，就是该店不同价位的羊肉汤都有什么区别。店员给出了答案：虽然不同价位的羊肉汤分量都差不多（都是用同样大小的碗来装），但是不同价位所选羊肉的部位却不同，比如卖15元一碗的羊肉汤，里面是肉少杂多，并且是以"下杂"（羊心肺、羊肠等）为主，卖20元一碗的羊肉汤，是肉多杂少，每碗配的都是"上杂"（羊肚等），而30元一碗的"极品羊肉汤"，汤里边全是羊的肚腩肉。

这样的卖羊肉汤的方式，是不是有些特别？

眉山

啥是旺子饭?

啥是旺子饭?看到这个词,估计很多人都摸不着头脑,可是如果你以前吃过豆花饭,那么你对这旺子饭就不会感到陌生了。"旺子"即猪血旺,旺子饭就是一种用猪血旺做出来的类似于豆花饭的美味。

我们去了一家由当地"好吃嘴"强力推荐的"罗记旺子饭",每天仅卖中午一餐(从早上9点半卖到下午2点)。

这旺子饭的做法说来一点都不复杂。

我们看到店门前大铁锅里正小火煮着血旺，只见店员将煮熟的血旺舀在碗里，便直接淋上红油，另外放了些盐、味精、花椒粉和葱花就做好了。当这麻辣口味的血旺端上桌，客人只需动动筷子稍加拌匀，便可以就着白米饭吃了。你还别说，这麻辣血旺与白米饭的组合，吃到嘴里还挺过瘾。

除了主打的旺子饭，该店还卖几样拌菜、烧菜和粉蒸菜。店里的红油拌鸡值得一说，至少其显露出来的粗犷调味手法，让人感觉到一股江湖气。

煮好的鸡肉、鸡肠和鸡胗等都已经提前切好，店员按我们所点的分量分别往平盘里装了些鸡肉块和鸡杂片，先从一个汤盆舀了加有盐的冷鸡汤稍浸，然后把汤汁滗入盆里，反复几次，接下来把盘里的汁水滗干，才往盘里舀入红油，最后撒花椒粉、味精并舀了几小勺白糖，便端上桌。

看着这"粗糙"的拌鸡手法，估计你会认为它口味欠佳，然而，在我们将调料与鸡块充分拌匀后一尝，这红油拌鸡的味道真是相当不错。毋庸置疑，店家用的是土鸡，因此这拌鸡的鲜香和嫩脆也就有了保证。此外，川南一带的人在做菜调味时，普遍喜欢在麻辣味中重用白糖，从而让麻辣味显得厚重且滋润，或许，这也称得上是该店做凉拌鸡时的一点小诀窍吧。

同样可视为小诀窍的还有鸡块在拌味前，先要用加了盐的冷鸡汤浸润两三遍，此举正是为了给鸡肉施底味。

丹棱鸡肴两题

不知是不是眉山地区的老百姓普遍喜欢吃凉拌鸡的缘故，我们这次在眉山下辖的丹棱县停留的短短两天时间里，竟数次与凉拌鸡"相遇"。

八大块手撕鸡

"八大块手撕鸡"是菜名，也是店名。李学龙是这家餐馆的老板，他之所以取这个店名当然是有来历的——从他的爷爷辈起，他们李家三代人都以卖凉拌鸡为生，只不过他爷爷卖凉拌鸡是从端着钵钵沿街叫卖的方式开始，之后才有了店面。我们在该店墙上看到了由当地一位文化人为李家撰写的《李鸡肉传》，讲述的正是对其三代人卖鸡的描述。

李学龙告诉我们，他从父亲手里接下祖业后，开店卖鸡至今已经有十多年了。他的拌鸡有两种做法：一是现代做法，把煮熟的鸡剁成小块，放入盘里浇麻辣味汁后，拌匀了吃；二是传统做法，把煮熟的鸡手撕后放入盘里，浇麻辣味汁拌匀了吃。

当天，李学龙给我们演示了他从父辈手里传承下来的手撕鸡做法。只见他把煮熟的鸡先斩成大块，扯下鸡皮后，把鸡肉撕成丝装入盘里，再盖上切成块状的鸡皮。接下来便开始调麻辣味汁，他往调料盆里放了些辣椒粉、花椒粉、盐、白糖、味精和红油，然后又舀了两小勺冷鸡汤进去，调匀后便浇在了盘中的鸡肉上。

李学龙告诉我们，手撕的鸡肉与用刀剁的鸡块在口感上是有差异的，相比较而言，手撕鸡入味更深且更快。随后我们还发现，该店的凉拌鸡与别处的麻辣拌鸡相比，还放了店家自制的辣椒粉，也许这就是该店拌鸡的秘密。

想要做好拌鸡，有什么窍门吗？李学龙是这么回答我们的：一是要选土鸡，土鸡与一般的饲养鸡相比，其鸡胸突出，腿修长，只有品质好的鸡，才能做出好吃的凉拌鸡；二是煮鸡时要得法，不仅要掌握好火候，而且在下锅煮之前，一定要把鸡治净，否则煮熟的鸡肉会有异味；三是在拌鸡时，要精选辣椒、花椒等调料，同时还要掌握好各种调料的配比。

在"刘鸡肉"吃藤椒鸡

"刘鸡肉"的店名全称为"大雅刘记白宰鸡"，它在丹棱县称得上是一家知名的鸡肉菜馆。那天我们前往体验时，得到了店老板的热情接待。

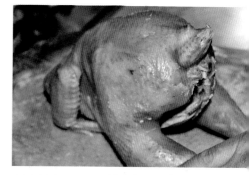

店老板告诉我们，他店里主要卖两种风味的凉拌鸡——红油鸡和藤椒鸡。此外，还配套制售卤鸡爪、鸡血汤、鸡块菌汤、炒鸡杂等系列家常菜。除了洪雅、峨眉山一带，藤椒也是丹棱县当地的一种特色调料，接下来给大家分享一下该店的藤椒鸡做法。

店老板亲自下厨为我们示范：他先是把煮熟且已放凉的土鸡剁成块装入盘中，在放入适量盐、味精和少许的白糖后，又浇了些已放凉的鸡汤，随后往盘里淋了两小勺藤椒油，还加入了小米椒碎和青椒碎，这道清爽的藤椒鸡就做好了。

藤椒鸡虽然做法简单，但在我们品尝后却对其特殊的风味啧啧称赞。当藤椒油特有的清香麻味与小米椒、青椒的鲜辣融合到一起时，所呈现出来的已经不只是爽口的麻和清新的辣，而是鸡肉的嫩脆鲜香和回味悠长。

我们业内人士常说：有特色的原料往往能成就一道好菜，而这道好菜的做法也不一定要有多么复杂……这话用来形容"刘鸡肉"店里的藤椒鸡，倒是感觉很贴切。

藤椒

乐山

诱人的甜皮鸭

　　说到甜皮鸭，恐怕有不少川内的人首先都会想到声名远扬的乐山甜皮鸭，其实，甜皮鸭不仅在乐山城里有，在其下辖的各区县，甚至是周边的地市（如眉山等）也有。据说，这种美味出现在20世纪七八十年代，由当地人普遍爱吃的卤鸭子演变而来。

　　走在乐山下辖的夹江县街头和菜市场，我们先后看到了好多家卖甜皮鸭的小摊和店面，而在这些卖甜皮鸭的摊位、店铺前，我们发现了一个奇怪的现象，那就是几乎家家都打着"木城"的招牌。等问过几位店主后才知道，其实我们经常提到的乐山甜皮鸭，应该是夹江甜皮鸭，更确切一点说，

应该叫木城甜皮鸭。木城是夹江县下辖的一个乡，那地方早已被人们公认为是甜皮鸭的"发祥地"之一。

　　没想到，这乐山甜皮鸭还有如此渊源，这也让我们有了深入去了解的想法。不过，当我们问到更多有关甜皮鸭的演变历史时，许多当地人都说不清楚，最后还是当地的厨师朋友卢玉国提出来带我们去夹江县城有名的"余鸭子"看看。"余鸭子"的摊子，不仅售卖色泽红亮的甜皮鸭，还有五香风味或麻辣风味的卤鸭翅、卤鸭脚、卤鸭肫。我们还看到一位开着豪车的外地人前来买了好几只甜皮鸭，让店家真空打包带走。

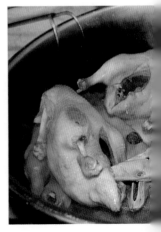

随后，我们又跟卢玉国去了另一条街，找到了在夹江县同样做甜皮鸭而出名的"木城李鸭子"。我们了解到，该店由李发良、李毅父女俩共同经营，虽然那辆专门用于售卖甜皮鸭的熟食售卖车看上去其貌不扬，但当听说这个食摊每天都要卖一两百只甜皮鸭时，我们心里还是有些暗暗吃惊。

在离"木城李鸭子"食摊的不远处，便是其加工坊，我们在那里看到了乐山甜皮鸭制作的全过程。

乐山甜皮鸭选用的是生长期在半年左右的土鸭。宰杀治净后，先是加香料和盐做腌味处理，然后放到卤水锅里卤制。卤制时，火不能大，连卤带焖至熟以后，捞出来用钢针在鸭身上连戳数下，目的是去掉鸭身上的部分脂肪，随后放入箩箕里，待逐只刷上一层麦芽糖水后，挂起来晾至鸭身表面水干。另用大铁锅烧油，把晾好的卤鸭下入油锅，炸至色泽红润、外皮酥脆，捞出来再刷上一层麦芽糖水，这样甜皮鸭就制作完成了。当有客人来买时，取下来现称重后斩块即可。

在制作甜皮鸭时，分两次刷麦芽糖水。第一次刷，主要是在油炸时起自然上色的作用，而第二次刷，则主要是给鸭肉再添一股甜香风味。

乐山一带的人有嗜甜的特点，比如他们在很多拌菜或烧菜中，都会加较多的白糖以调味，当我们在"李鸭子"看过甜皮鸭的制作过程后，对这一点的认识就更深了。至于当地人为什么普遍爱食甜，我们并没有找到一个满意的答案。

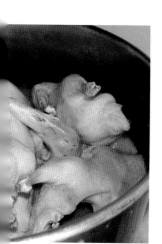
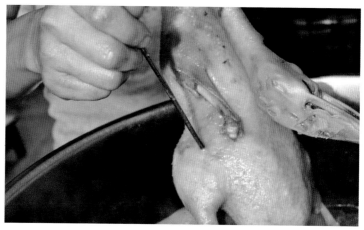

乐山

探访跷脚牛肉

地处川南的乐山市，位于青衣江、岷江、大渡河的交汇处，自古以来就是水运商贸的繁荣之地。在最近这二三十年，当地的跷脚牛肉可以说在川菜饮食江湖中赢得了显赫名声。

据说，跷脚牛肉最早起源于距离乐山城区约20公里的苏稽镇。那么，这跷脚牛肉当年为何会出现在苏稽镇而不是别的地方？还有，为什么会取"跷脚"这么个怪异的名称？它在烹制方法上又有什么神秘之处呢？

通过朋友介绍，我认识了成都"陈六嬢乐山跷脚牛肉"的老板刘兵，以及他儿时的伙伴陈宽、夏江舟，这三位"85后"

都来自乐山。当中的陈宽，不仅家在苏稽镇，而且他的家里人和亲戚多年前就在乐山市经营着跷脚牛肉馆，他本人制作跷脚牛肉也有好些年了。而夏江舟的家，则在离苏稽不远的，那个被称为"杀牛场之村"的杨湾周村，他之前在乐山也开过跷脚牛肉馆。正是在这样的机缘巧合下，我对跷脚牛肉进行了一次全方位的探访。

跷脚牛肉最早诞生在苏稽镇，后来才逐渐传到乐山城及周边地区，正是基于此，探访就先从苏稽镇开始。

♀ 跷脚牛肉在苏稽之根

在去乐山之前，我先做了一些工作。从网上查到的有关"跷脚牛肉"的信息中，有这么一段文字："相传，在20世纪30年代初，乐山老百姓民不聊生、贫病交加。在当地有一位罗老中医，怀着济世救人之心，在苏稽镇河边悬锅烹药，救济过往的行人。此药汤不仅防病止渴，还能治一般的风寒感冒、胃病、牙痛等症。有一次，罗老中医看到一些大户人家把牛杂（诸如牛肠、牛肚之类）扔到河里，觉得很可惜。于是，就把牛杂捡回来洗净，然后放到加有中草药的锅里去煮，结果煨出来的汤甚是鲜香。听说此汤有防病治病的功效，赶来品尝的人络绎不绝，他们有的站着吃，

有的蹲着吃，还有的端着碗坐在门口台阶上跷着二郎腿吃。当时，就有人戏称这种牛肉为'跷脚牛肉'。"

从这个传说中可以得到以下信息：一是跷脚牛肉早在20世纪30年代就问世了；二是这种牛肉汤是加了药料煨出来的；三是因食客在吃的时候会跷起二郎腿，故而才有了"跷脚牛肉"这个名。不过，在观看了中央电视台拍摄的《中国古镇》纪录片第17集中对苏稽古镇跷脚牛肉的介绍后，又发现该片对其起源的描述与前述大不相同。

据片中介绍，跷脚牛肉起源于清代，至今已有一百多年历史。而那时苏稽人爱吃跷脚牛肉，是因为离该镇不远的杨湾乡周村是一个有名的"杀牛村"。每逢大集，周村都要屠宰上百头牛。在过去，官府是明令禁止屠杀耕牛的，为何这里又要杀如此多的牛呢？这还得提到乐山五通桥的盐场，因为在过去，抽取井盐盐卤的劳力主要靠水牛。而水牛在盐场一般役用三年就得退役，于是，这些被淘汰下来的水牛便被运到离盐场不远的周村宰杀。

因为每天屠宰的牛肉量大，牛内脏被当成"废物"丢弃在河道里。而当地有位

名叫周天顺的人，动手支起炉灶烹煮牛内脏。周天顺把牛内脏洗净下锅，加姜、香料、盐等煮熟后，卖给那些穷人吃，由于味道好，价格又便宜，故很受劳苦大众的喜欢。再后来，食肆慢慢兴起煨煮牛杂的做法。当初，这种煮牛杂汤的摊档都很简陋，一个篾篓黄泥灶、一口大锅和一张木桌，好多食摊甚至连凳子都没有。那些挑夫、背夫等穷苦百姓来吃饭时，往往是一只脚着地，另一只脚踩在连接桌腿的横木条上，可能是因为这些人吃牛肉的姿态有些特别，故而这种牛肉被称之为"跷脚牛肉"。

后一种说法似乎要比网上的传说靠谱，而在我看来，这跷脚牛肉的起源与重庆麻辣火锅的起源也有着惊人的相似。可能大家都知道，重庆麻辣火锅的起源说法之一，便是旧时嘉陵江边的纤夫和劳苦大众，把当地杀牛场扔到江里的牛杂（牛肚、牛肝、牛肠、牛肺）等"废物"，捞起来洗净再放入大锅里，加辣椒、花椒等煮成一锅麻辣味的牛杂汤锅，后来才逐渐演变成火锅吃法并登上大雅之堂。再说跷脚牛肉，最初也是把牛杂等放在大锅里，再加生姜和香料等煮熟了吃，只不过这牛杂汤做的是清汤咸鲜风味。

那天我们去苏稽镇，看见清澈的峨眉河穿镇而过，而河上有着一座上百年历史的古老石桥，据说它见证了跷脚牛肉的前世今生。几乎苏稽镇的每条街上都有卖跷脚牛肉的店，这些牛肉店或大或小，或现代或古朴，远近闻名的有"古市香"等。而街边那些店面较小的，往往是在店门口前砌灶，灶上大锅里煮着热气腾腾的牛肉汤。锅里不仅煮着牛骨、牛杂、牛肉等，汤里还放着几个筲箕或不锈钢的大漏勺（专门用来烫牛肉、牛杂等）。店里的人站在灶台前，会将食客所点的牛肝、牛肉、牛肚等分别放入锅里的漏勺当中，再依据各种原料的特性（或软或脆等）烫熟或烫热后，

分别盛入垫有芹菜段的土碗里，最后舀上一些调好味的原汤并撒上香菜碎，便给客人端上桌。这类小店大多是传统的"碗碗跷脚牛肉"吃法。

我们在离古石桥不远的"周记跷脚牛肉"店内坐了下来，店主是位老婆婆，听说在这里开店已经有几十年了。那天我们点了牛舌、牛脊髓、牛黄喉、牛肚、牛尾等。周婆婆先给我们每人端上来一小碗加有香菜碎的牛肉汤，随后才加入烫好了的牛肉、牛杂，她还给我们每人配了一个辣椒蘸碟，那是用炒香并舂细的辣椒面加盐、鸡精、味精调制的。我们按周婆婆所说的，先喝

粉蒸牛肉

小碗里的汤，然后捞碗里的牛肉、牛杂蘸着辣椒味碟吃，果然是汤鲜味美。我们发现，在苏稽的各家跷脚牛肉店里，小笼粉蒸牛肉已经成了标配，客人普遍喜欢点几份碗碗牛肉，再要一两笼粉蒸牛肉，在喝过小酒后，用余下的菜佐白米饭。

我们在苏稽老街上闲逛时，认识了一位叫宋汉生的老大爷，他曾在当地卖了近二十年的跷脚牛肉。宋大爷告诉我们，在他的记忆中，跷脚牛肉在民国时期就已经小有名气了，而以前的人在熬制跷脚牛肉的底汤时，一般都要加牛肺，能起到较好的提鲜作用。早年熬跷脚牛肉汤时，都是用最大号的铁锅，因为必须一次性把水加够，若是边卖边往锅里加水，那肯定会影响汤的味道。

当天，我们还去了杀牛村——周村，不仅逛了水牛的交易市场，还参观了数家杀牛场。在周村卖跷脚牛肉的店也不少，与苏稽相比，这里的几家大店（比如周老三全牛火锅、周村古食等）对传统的跷脚牛肉还做了升级——换成了火锅吃法，即把熬好的牛肉汤盛入砂锅里端上桌，把各种切好的牛肉、牛杂（或生或熟）分别装盘上桌，把汤锅烧开，涮烫后蘸味碟食用。

♀ 跷脚牛肉的乐山做法

在与刘兵、陈宽和夏江舟的交谈中得知，当地人制作跷脚牛肉时习惯选用黄牛的牛肉、水牛的牛杂。那么为何不选用黄牛的牛杂呢？第二天，我们在三位朋友的陪同下又去了乐山市区的"陈老三跷脚牛肉"店（这家店是陈宽以前工作过的地方），从店里的"掌墨师"（指餐馆的厨师长）陈炳清那里了解到一些缘由。

陈炳清告诉我们，当地有经验的人都知道，牛肉在品质上存在差异。黄牛肉要比水牛肉好。两种牛的生理构造不完全相同，比如黄牛的牛肚、牛肠小，煮食后嚼劲较差，且水牛更喜食青草，因此水牛的牛杂要比黄牛身上的牛杂吃起来香。

除了弄清楚选料方面的问题，我们还想知道跷脚牛肉熬汤的方法，包括在制作时加入了哪些"药料"（因多数香料具有中药的功效，故当地人习惯称药料）。陈炳清告诉我们，无论在苏稽还是乐山市区，各家跷脚牛肉馆熬汤的方法都大同小异，不过所加入的"药料"及配方，大家都秘而不宣。这就像川味火锅，看似各家店风格相同，实则在风味上各有差异。各家跷脚牛肉馆所呈现出来的味道差异，只有经

常去吃的人才能比较出来。

陈炳清进一步介绍道，制作跷脚牛肉的常用"药料"有白芷、山柰、八角、小茴香、白蔻、荜拨、草果、砂仁、丁香、甘松、桂皮、香叶等，另外还会加入大量的生姜。有的店配方中只加了几种"药料"，有的则需要加二十多种。放"药料"不光是为了给牛肉去膻味，更是为了提味增香和添加滋补调理的功效。说到滋补调理方面，各家店往往会因季节不同而对"药料"做调整，比如冬天会加一些热性的"药料"以驱寒，而夏天则要加一些清凉的"药料"以去火。

由于在"药料"配方上有别，故各家店制售的牛肉汤所呈现出来的风味也不一样，有的味淡，有的味重，有的汤色浅，有的汤色深……这些都很难说谁优谁劣，食客会依自己的口味喜好去做选择。

如今在苏稽镇和乐山城区，专营跷脚牛肉的餐馆很多，竞争也很激烈。店家们心里都明白，想要做好一锅跷脚牛肉，光有"药料"配方是不够的，原料是否新鲜，牛肉、牛杂的品种是否丰富，以及烫煮牛肉、牛杂时对火候的掌控是否精准等至关重要。

做传统的碗碗跷脚牛肉，原料一定要新鲜，以当天宰杀得到的牛肉、牛杂为上选。此外，可用于制作跷脚牛肉的原料很多，有牛大肚、牛百叶、牛肠、牛心、牛肝、牛肉、牛腰子、牛黄喉、牛尾、牛鞭等，有的要先煮制成半成品，有的则是取生料来加工成片。只有原料丰富了，食客的选择面才广，当然，只有那些生意好的店才有备料丰富的可能。传统的碗碗跷脚牛肉看重火候，牛肝要吃着嫩、牛黄喉要吃着脆、牛尾巴要吃着㞎……要是厨师没有一定的经验，很难把握好。

还有一点不得不提，作为辅料的芹菜和莲花白（即包菜）也扮演着重要角色。芹菜作为跷脚牛肉的垫底料，不仅可以增香，还起到了衬碗的作用。而在吃跷脚牛肉时，唯一烫食的蔬菜就是莲花白。为何不用其他蔬菜呢？据说是因为莲花白口感软嫩，且不会破坏大铁锅里牛肉汤的原味。

♀ 跷脚牛肉在成都的演变

早年的跷脚牛肉都是"碗碗"吃法，不过到现在，即使是在跷脚牛肉的发源地苏稽镇，吃法也在发生着变化。而在乐山市，像"陈老三"这样的老字号跷脚牛肉馆，除了"碗碗"吃法外，也有了汤锅形式的吃法，具体说就是，把客人点好的各种原料，分别下入大锅烫熟后，装在小汤锅里端上桌，让客人边煮边吃。

在二十多年前，跷脚牛肉刚从乐山引入成都时，或许是受成都所流行的"简阳羊肉汤"的影响，多数跷脚牛肉馆都变成了羊肉汤锅那样的吃法，而且除了辣椒蘸碟外，还增加了腐乳味碟——把腐乳、小米椒末、蒜末、葱花、香菜末同装在小碟内，上桌后让食客现浇少许原汤，调匀便可蘸食。

在成都开跷脚牛肉的店主，大多来自

跷脚牛肉汤锅吃法

乐山一带，他们多是亲戚或乡邻关系，在来成都后，大家一起抱团开店。据了解，只要是乐山人开的店，在制作手法上大多较好地保持着传统做法。而另一些仿其形或有所演变后开的跷脚牛肉馆，则在吃法和做法上显得更加多样化。

　　成都市场上的"跷脚牛肉"在做法上大致可归纳为几个"流派"。一是"清汤派"，此为地道的苏稽跷脚牛肉的制汤方法，虽然各家店在风味上有些差异，但汤色都会呈浅黄或茶色，闻着有股特殊的鲜香味，或以碗碗牛肉，或以汤锅的形式上桌。二是"白汤派"，即采用牛骨、牛肉和牛杂，甚至加入猪骨、鸡骨等一起制汤，这一派制汤时一般不加"药料"，看上去汤色浓白，多是以汤锅的形式上桌。三是"菌汤派"，

这是在"白汤派"制汤的基础上又添加了干菌，也多以汤锅的形式上桌。四是"红汤派"，可以看作是从乐山地区的"鲜烧牛肉"变化而来，或者是借鉴川式麻辣火锅的制法做出的"跷脚牛肉"。其实，后三种流派为非主流做法，与第一种跷脚牛肉的传统做法已经相去甚远。

　　那么地道的跷脚牛肉是怎么制作出来的呢？这里，把制作流程分步骤介绍给大家。

　　原料：牛棒骨若干，老骨（即头一天熬汤时用的牛棒骨，待第二天熬后即可丢掉）、老汤（即头一天熬汤的大铁锅里预留并滤去骨渣肉渣的汤）各适量，牛肉、牛杂若干，药料粉（是由白芷、山柰、八角、草果等多种香料打成的粉末，

由于各家的配方有别，故这里不详述）1小包，
蔬菜香料1大包，生姜750克，盐、胡椒粉、
味精、鸡精各适量。

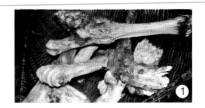

　　熟料（放入汤中一起熬汤的肉料）：牛肉、牛
肠、牛肚、牛尾、牛蹄筋、牛鞭等。

　　生料：牛肉片、牛舌片、牛肝片、牛黄喉、
牛髓、牛心片、牛腰片等。

　　做法：

　　1.把牛棒骨漂洗干净后（粗壮的棒骨要敲
碎，以便熬汤时骨髓流出），放入加有清水的
大铁锅里，另外放入老骨并掺入老汤（加入老汤、
老骨可起到快速提升汤味的作用），打开炉火
加热。（见图1）

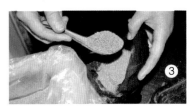

　　2.往锅里加入制作跷脚牛肉时需要用到的
熟料（已经汆水的牛肉块、牛肠、牛肚、牛蹄筋、
牛尾等），同时加入大量拍破的生姜。（见图2）

　　3.将药料粉装入小布袋后，放入铁锅里。
另把洗净的葱、大蒜、香菜根、芹菜等用纱布
包成蔬菜香料包，放入大铁锅。（见图3～图6）

　　4.大火烧开后，用细漏网撇去浮沫，再改
小火熬制（保持微沸状态），见汤色已呈浅黄
油润时（需2～2.5小时），放入盐、胡椒粉、
味精和鸡精调味，汤就熬好了。说明一下，这
期间所加入的牛肉片、牛肠、牛肚、牛蹄筋等，
都应当根据其质地及口感要求去决定煮至什么
程度。捞出放凉，根据需要切成片或切成条等。
这些熟料的加入，给汤带来了鲜香味。（见图7）

5. 上菜时，先用勺在大锅里舀汤盛入小碗，撒入适量的香菜末或葱花上桌，让客人先品汤。

6. 如果是"碗碗牛肉"的吃法，那就要把客人所点的牛肉、牛杂分别放入铁锅汤的大漏勺里，在烫至断生或烫热后，分别盛入垫有芹菜段的土碗里，舀入适量的滚汤，再撒些香菜段，配味碟一起上桌。

7. 如果是汤锅的吃法，则先要把切成块的莲花白放入铁锅里烫熟，捞出放入汤锅里垫底，随后把牛肉片、牛肚片、牛肝片、牛百叶、牛肠节等分别放在大漏勺里，等到烫至断生或烫热后，便盛入汤锅里，舀入适量的滚汤并撒上香菜段，配味碟一起上桌，边加热边食用。（见图8～图11）

火爆牛肝

火爆牛脆肠

　　有的跷脚牛肉馆，一般还会配火爆牛肝、火爆牛脆肠、鲜烧牛肉、干拌牛肉、干拌蹄筋等系列的牛肉菜肴。

　　干拌牛肉和干拌蹄筋，有的是用传统川菜干拌菜法，把煮熟的牛肉、牛蹄筋切成片或切成条，加干辣椒粉、花椒粉、盐、味精等拌成，突出的是传统麻辣风味。有的则是借鉴攀西地区干拌菜的做法，把牛肉片或蹄筋条加鲜小米椒、香菜段、香葱段、鲜青花椒、盐、味精等拌成，突出的是鲜麻鲜辣风味。

　　而火爆牛肝和火爆牛脆肠均属火功菜。火爆牛肝选用水牛的嫩肝，切成薄片，加泡椒、芹菜段、豆瓣酱等爆炒，突出的是一个"嫩"字。火爆牛脆肠选用的是牛的儿肠，同样是加芹菜段、泡椒和豆瓣酱等爆炒，突出的则是一个"脆"字。这两道菜火候过犹不及，如果掌握不好都会导致成菜的风味和口感大打折扣。

　　鲜烧牛肉属于乐山名菜，为麻辣家常口味，主料用的是新鲜牛肉，并且需要用高压锅压熟。这里，把制作过程介绍给大家。

原料（批量制作）：鲜牛肉4000克，菜心500克，豆瓣酱150克，干辣椒段50克，香料30克，辣椒粉、花椒粉、十三香、姜片、大蒜、香菜段、大葱段、芹菜段、盐、味精、牛油、菜籽油各适量。

做法：

1.把鲜牛肉切成块，放清水盆里漂净血水后，再入沸水锅里汆水，捞出来放入高压锅里。（见图1、图2）

2.铁锅里放菜籽油和牛油烧热，先下入姜片、大蒜和豆瓣酱炒香，再把干辣椒段和香料下锅小火同炒，炒至香味浓郁时，加辣椒粉、花椒粉和十三香，同时倒入适量清水并放入盐和味精。待熬出香味后，连汤带料一起倒入高压锅中。（见图3、图4）

3.待上火压约10分钟至牛肉熟后，离火降压揭盖。（见图5）

4.把菜心切成片，放入石锅或砂锅里垫底，再把已经压好的牛肉和适量的汤汁舀进去，撒入大葱段、芹菜段和香菜段。端上桌后点火，烧开即可。先吃牛肉，待牛肉吃完，锅里的菜心也熟了。（见图6）

说明：

1.香料为常见的香料，有山奈、八角、草果、白蔻等。

2.鲜烧牛肉不宜压得过烂，因为乐山人普遍认为，带点嚼劲的牛肉吃起来更香，也更有味道。